Anleitung zur Befahrung

der

Tatar- oder Sachalin-Strasse,

wie des Amur Limans.

Auf Veranlassung des Hydrographischen Departements zusammengestellt vom Stabscapitain

S. P. Samochwalow,

aus dem Russischen übersetzt, mit einer Uebersichtskarte vom Seeufer des Amurgebietes, einer Seekarte über die Richtungszeichen im Liman, verschiedenen Ansichten der bemerkbarsten Uferpunkte, sowie mit einigen nachträglichen Mittheilungen über Strandungsfälle und deren Ursachen versehen,

herausgegeben

von

H. J. Pallisen,
1ter Gilde-Kaufmann in St. Petersburg.

St. Petersburg. Oktober 1870.

Zweite verbesserte und vermehrte Auflage.

Hamburg.
L. Friederichsen & Co.
Land- und Seekarten-Handlung.
Admiralität-Str. 19.
1871.

Bemerkungen.

Die Richtung ist immer nach dem Magnetischen Compasse angegeben, ausgenommen wo ausdrücklich „nach wahrem Compasse“ beigeschrieben ist.

Die Entfernungen sind in Seemeilen, 60 auf einen Grad, angegeben.

Die Cabellänge ist zu 100 Faden, à 6 Fuss gerechnet.

Wo Daten angegeben, verstehen solche sich nach Russischem oder altem Style, der um 12 Tage früher als der neue Styl fällt, z. B. 1. Januar nach altem, ist 13. Januar nach neuem oder Ausländischem Style.

Vorwort zur zweiten Auflage.

Als ich 1861 zum ersten Mal in den Fall kam, Schiffe für das russische Amurgebiet, resp. Nicolajewsk, zu befrachten, stiess ich, sowohl bei den Schiffsrhedern, als auch bei den Assecuradeurs auf einige Hindernisse. Erstere kannten diese neuen Gebietstheile Russlands am stillen Ocean fast gar nicht; letztere waren abgeschreckt durch die Strandung zweier Schiffe der russischen Amur-Compagnie „St. Innocent“ und „Orlus,“ die im Spätherbste 1860 mit werthvollen Ladungen, ganz nahe am Bestimmungsorte, Schiffbruch litten und den Assecuradeurs grossen Schaden brachten. Ich musste daher bei meinen ersten Expeditionen nicht nur sehr hohe Prämien für die Ladungen zahlen, sondern es fiel den Rhedern auch schwer, ihre Cascos zu versichern. Der auf Gegenseitigkeit gegründete finnländische Assecuranz-Verein in Abo ging sogar so weit, die Besegelung der Tartarstrasse, nördlich von De Castries Bay, als ausserhalb der Policen liegend zu erklären und schloss damit die Finnländischen Schiffe, so zu sagen, von dieser Fahrt aus, während zuerst namentlich diese Schiffe gern für diesen Trafic benutzt wurden. —

Durch die Kenntnisse, die ich mir bereits von dem Fahrwasser verschafft hatte, wusste ich schon damals, dass die Ursachen, sowohl jener beiden Strandungen, als auch einiger früher vorgefallenen, nicht in wirklichen maritimen Gefahren begründet waren, sondern lediglich in der Unkenntniss der betreffenden Führer mit den Oertlichkeiten gesucht werden mussten, sowie auch darin, dass diese Schiffe zur ungeeigneten Zeit aus Europa abgegangen waren und daher nothwendiger Weise zu einer zu späten Jahreszeit in den Amur-Gewässern ankamen. — Als daher der Stabscapitain S. P. Samochwalow im Jahre 1865, auf Veranlassung des kaiserl. russischen hydographischen Departements, seine Anleitung zur Befahrung der Tartar- oder Sachalin-Strasse, wie des Amur-Limans, in russischer Sprache geschrieben hatte, benutzte ich solche sofort als Grundlage zu dem von mir im Jahre 1866 unter demselben Titel ausgegeben Buche, dem ich noch einige von mir selbst gesammelte Notizen hinzufügte.

Dieses Buch, welches ich lediglich zu meinem eignen Gebrauch, für die von mir selbst expedirten Schiffe, drucken liess, zog indessen bald die Aufmerksamkeit auf sich und da ich dasselbe gern einem Jeden gab, so ist die erste Auflage bereits vollständig vergriffen. Von mehreren Seiten um Exemplare davon ersucht, habe ich mich zur Herausgabe dieser zweiten Auflage veranlasst gefunden, der ich noch eine ausführlichere Beschreibung der südlichen Häfen und Buchten zugefügt habe. Ich verschaffte mir das Material dazu von dem kaiserl. russischen Marinelieutenant Klykow, der jene Gewässer lange befahren hat und ich hoffe, bei der namentlich diesen südlichen Häfen bevorstehenden grösseren Bedeutung, dem Werkchen damit eine nützliche Beigabe hinzugefügt zu haben. —

Indem ich meine Arbeit der Oeffentlichkeit übergebe, befürworte ich ausdrücklich, dass dieselbe durchaus keine Ansprüche auf wissenschaftliche und positive Genauigkeit macht. Ich bin weder Schriftsteller, noch Specialist als Seemann, daher, sowohl in Bezug auf den Styl, als auch auf die correcte Wiedergabe mancher technischen Bezeichnungen und Benennungen der Punkte, vielleicht Ungenauigkeiten oder Abweichungen nachgewiesen werden können, denn es ist mir leider in dieser Beziehung, trotz aller angewandten Mühe, nicht gelungen, competente Mithülfe zu erlangen. Die russische Sprache ist dabei reicher an Benennungen für gewisse technische Bezeichnungen als die deutsche — wenigstens, soweit ich sie kenne —; so z. B. giebt es im Russischen drei Benennungen für den Ausdruck Hügel, Anhöhe oder kleiner Berg, mehrere — theils nur in den Sibirischen Gewässern bekannte — Benennungen für Scheeren, kleine Felsen oder Steine, desgleichen mehrere Benennungen für das, was ich nur mit „Landzunge“ wiedergeben weiss. Selbst die Eigenthümlichkeit des russischen Alphabets muss in Berücksichtigung gezogen werden; der Laut, den wir mit H bezeichnen, fehlt gänzlich in der russischen Sprache, wird daher im Russischen bald mit G, bald mit Ch wiedergegeben, die russischen Zischlaute tsch, sch, schtsch mögen auch nicht immer ganz correct von mir wiedergegeben sein. Ich bitte daher an das Werkchen keine grossen Ansprüche zu stellen, sondern es nur dafür zu nehmen, wofür es geschrieben ist, nämlich, speciell für den Gebrauch der von mir selbst expedirten Schiffe, denen ich dasselbe gratis verabfolge, sowie ich es denn auch überhaupt auf meine eigenen Kosten habe herstellen lassen und wenn ich es auch der Land- und Seekarten-Handlung der Herren L. Friederichsen & Co. in Hamburg gestattet habe, das Werk in den Verkauf zu bringen, so ist dieses ausdrücklich unter Entsagung eines jeden pecuniairen Vortheiles für mich geschehen, als ein wohlverdienter Ersatz der nicht geringen Mühe, der diese Herren sich mit dem Drucke und der Herausgabe gütigst unterzogen haben.

St. Petersburg, im Juli 1870.

H. J. Pallisen.

I.

Beschreibung der Tatarstrasse.

Die **Tatarstrasse** hat bei der Südspitze Sachalin's eine Breite von 170 Meilen, bei De-Castries circa 36, und bei den Caps Lasarew und Pogobi nur $3^1/_3$ Meilen, welches die allerschmalste Stelle ist, und Nevelskoy Strasse genannt wird, denn weiter Nördlich wird sie wieder breiter. Durch diese Einengung wird die Strasse in zwei Theile getheilt, nämlich: in die eigentliche Strasse, von dieser Einengung an und südlich bis zur Südspitze Sachalin's, und: in den Amur Liman, von dieser Einengung an und nördlich. Die Länge der ganzen Strasse ist circa 470 Meilen, die Ufer der ganzen Tatarstrasse sind hoch und fast überall mit Wald bewachsen, das östliche Ufer besteht fast ausschliesslich aus hohen Granitabhängen, zuweilen die Höhe von 280 Fuss erreichend, das westliche Ufer endigt sich nach der Meeresküste in Inseln und Buchten, und ist nur sparsam bewohnt von den Eingeborenen, die sich mit Jagd und Fischfang ernähren.

Die besuchtesten Plätze sind: Imperatorskoi Hafen, De-Castries-Bay auf dem festen Lande, Due, Sokkota und Kosuani auf Sachalin; ausserdem giebt es auf beiden Ufern einige Buchten, die auch eine Zufluchtstätte gewähren. Während des Sommers und bei Ostwind kann man überall längs der Küste Sachalin's ankern, muss aber immer bereit sein unter Segel zu gehen bei dem ersten Umschlagen des Windes zum Westen. Die Küsten der Strasse scheinen frei zu sein von weit auslaufenden Gründen oder Riffen, wenn auch die Tiefe gegen das Ufer abnimmt, so ist dieselbe doch grösser bei den Vorgebirgen, die hoch und steil sind, als man glauben sollte; das Senkblei warnt daher nicht vor einer zu grossen Annäherung. Im Nördlichen Theile über 51°, ist die Tiefe zwischen 46 und 26 Faden; die geringste Tiefe, 26 Faden, ist auf der Parallele von Castries, von wo an die Tiefe rasch abnimmt bis 16, 10, 7 und 4 Faden, die geringste Tiefe findet man auf 51° 42′ bei Cap Tschichatschew und bildet die erste Barre vor dem Liman. Nördlich davon nimmt die Tiefe wieder zu bis 8 und 10 Faden; aber bevor man an die Glasenap Inseln und Cap Catharina gelangt, trifft man die zweite Barre mit 4 und 4½ Faden bei Sandgrund, von da an bis Cap Lasarew und Pogobi ist die Tiefe von 6 bis 13 Faden.

Vom April bis October, ganz besonders aber im April, May, Juny bis Mitte July, ist S und SO Wind vorherrschend, häufig bis zur Stärke von 2 bis 3 Reffen mit vorübergehenden, heftigen Nördlichen Windstössen und Stille. Laut einer mir zugegangenen authentischen Privat-Nachricht, waren den ganzen Sommer bis September 1866, die O bis SO Winde vorherrschend, gegen Ende August und Anfang September durch einige sehr heftige N und NO Stürme unterbrochen; erst gegen Mitte

October traten heftige SW Winde ein, die bald den regelmässigen W und NW Luftströmen wichen. Was die SO Winde anbetrifft — so bezeichnen sie den Umschlag der Witterung und treffen im April und Anfang Mai ein; später hält sich der Wind ziemlich fest zwischen NO und OSO, oft durch mehrtägige Stillen unterbrochen, denen anhaltende, zuletzt steife S Brisen folgen, die wieder durch dicken Nebel enden — und dieses bis gegen Anfang Juli. Es versteht sich von selbst, dass die Richtung und Stärke der Winde sehr von der Oertlichkeit abhängt. 1862 und 1863 will man indessen bemerkt haben, dass der Wind während des Sommers häufiger NO und N als S und SO gewesen; ausnahmsweise hatte man im Mai starke SO Winde mit Schneegestöber, 12 bis 13 Stunden anhaltend, wobei zuweilen ein starkes Sinken des Barometers beobachtet wurde. Der Wind nimmt während dieser Stürme rasch zu und ab an Stärke und geht höchst wahrscheinlich nach SSW und W um, vielleicht auch nach NW. Von Ende Juli bis

Ende October haben einige Seefahrer SW bis NW und N, als vorherrschend, angetroffen. Während des Herbstes und des Winters, bis medio Januar weht der Wind aus NW und W. Im October tritt schlechtes Wetter ein mit nach dem NO Viertel umgehenden Winden, allein die heftigsten Stürme, die während des Winters wehen, muss man aus NW erwarten.

Vom März bis Ende Juli, mit Ausnahme seltener klarer Zwischenräume, welche zuweilen 1 und 2 Tage hinter einander dauern, ist in der Tatarstrasse Nebel vorherrschend, am häufigsten und dichtesten ist der Nebel aber im Juni. Nach der Bemerkung vieler Seefahrer, ist der Nebel am häufigsten vom Süd-Winde begleitet: so lagert sich mit dem Umspringen des Windes von S in der ganzen Strasse Mist, der sich in dem Maasse wie der Wind an Heftigkeit zunimmt, verdichtet und einen dichten Nebel bildet, während es gleichzeitig am Ufer und in den Buchten klar ist; dieses letztere bezieht sich indessen mehr auf die Küste von Sachalin, denn an der Küste des Festlandes legt sich der Nebel ganz an das Ufer, und dehnt sich nur nicht auf die inneren Buchten aus. So hält er sich zuweilen mehrere Tage hinter einander, bis der Wind nach und nach abschwächt oder nach SW umgeht, und der Nebel sich entweder hebt oder als Regen niederfällt. Der Commandeur des Kriegsschooners „Wostok" sagt von seiner Fahrt während des Sommers 1853 unter Anderem: dass auch bei Windstille dichte Nebel vorkommen, besonders im Anfange des Sommers; alsdann dehnen sie sich auch auf die Buchten des Tatarischen Ufers, Imperatorski und De-Castries aus, so wie auch bis zum Ufer der Insel Sachalin; zwei Mal hatte er bei vollkommener Windstille dichten Nebel; gleichfalls ist auch bei Veränderung des Windes zu NO in der Tatarstrasse dichter Mist, mit Regen, observirt worden.

Im Herbste, vom September an, ist der Südwind schon nicht mehr von Nebel begleitet, sondern nur von Mist, der es indessen gestattet, das Ufer in 5 bis 10 Meilen zu sehen, und sich, wie des Sommers, in Regen auflöst. Im Allgemeinen sind die Nebel mit dem Herannahen des Herbstes seltener, so dass während des Augustes, Septembers und eines Theiles von October gutes klares Wetter vorherrschend ist, obschon im October zuweilen auch Schnee fällt. Medio October tritt zuweilen ein jäher Wechsel des Wetters ein, und der Winter stellt sich schnell ein, die Wärme des Sommers beinahe in einem Tage verdrängend. Um diese Zeit bildet sich Eis im Nördlichen Theile der Strasse und im Liman; die Navigation ist dann für Segelschiffe als geschlossen anzusehen. Das erste Eis pflegt fast regelmässig mit dem $^{13}|_{25}$ bis $^{16}|_{28}$ October sich im Liman zu bilden, und zwar in der Tschome Bucht, unterhalb der Hagemir Inseln, wo sich auf wenig Tiefe das durch die Fluth verdrängte Amur Wasser ausbreitet und lange genug stille steht, um bald gefrieren zu können; dann erstreckt sich dort auch bald das Eis über das Fahrwasser, zunächst unterhalb der Inseln.

Um Castries und Due herum friert die Strasse zu, so weit das Auge reicht, südlicher im Imperatorskoi und Kosunabay herum, bildet sich nur längs der Küste ein Streifen Eis von circa 1 Meile, bei Castries und bei Kosuna noch schmäler; zeitweise bringt der NW und N Wind viel Treibeis ans Ufer. 1862 entledigte sich die Tatarstrasse des Eises Anfangs April. (1865 kam die Russische Bark Sovinto am 19. April vom Winterlager aus Hongkong in De-Castries an.) Uebrigens hat es auch Winter gegeben, wo man von De-Castries immer offenes Wasser mit treibenden Eisblöcken gesehen hat; das feste Eis erstreckt sich dann nur bis zum äussersten Vorlande, daher der Verkehr mit Sachalin übers Eis nur von Cap Lasareff nach Norden zu geschehen kann. Auch bei Due hält der Eis-Streifen nur zeitweilig am Ufer, der sogar von mässigen W Winden zerbrochen wird.

Barometer- und Thermometerbeobachtungen sind noch ungenügend, und man hat nur Bruchstücke von solchen Beobachtungen, die, wenn auch unvollständig, doch dem Seemanne einigen Nutzen schaffen können.

Im May, Juny und July 1853 stand das Barometer zwischen 29, 65 und 30, 28 und fiel nur ein Mal auf 29 Zoll, bei sehr heftigen SO Winde. Im July 1862 stand das Barometer bei anhaltendem SW Winde, 30, 16 bis 29, 74, im August aber, während der Windveränderung besonders von NO 29, 88, und 29, 43 bei südlichem Winde. Die Temperatur der Luft im März, April und May war 1 bis 8^0 +, im Juny und July 6 bis 14^0 Réaumur. In Castries stand das Thermometer während Octobers selten über Null, zuweilen bis 6^0 unter.

Ebbe und Fluth ist in der Tatarstrasse an den Küsten regelmässig. Die Fluth geht gen Norden, die Ebbe gen Süden. Auf der Höhe von den Caps Krilljon und Aniva, in der Laperouse Strasse, geht diese Strömung von O nach W, mit einer Schnelligkeit von 4 bis 5 Knoten bei der Nördlichen Parallele dieser Vorgebirge, in der Tatarstrasse aber von SSO und NW, mit einer Schnelligkeit von $1^1|_2$ bis

2 Meilen in der Stunde; das Steigen des Wassers ist bis 5 Fuss. Längs der Küste Sachalins, bis zum Durchflusse bei Viachta, ist das Steigen circa 6 bis 7 Fuss. Ueber die Strömungen sind keine ausreichende Baobachtungen gemacht; soviel man aus den Rapporten der Schiffscommandeure weiss, ist die Strömung unregelmässig und richtet sich hauptsächlich nach der Ebbe und Fluth und nach den Winden, wahrscheinlich hat auch der Ausfluss des Amurflusses, der sich nach Süden und Norden ergiesst, einigen Einfluss.

Als Contreadmiral Krusenstern die Tatarie Strasse besegelte, bemerkte er, dass die mittägliche Berechnung der Puncte sich immer circa 12 Meilen nördlicher oder südlicher als die observirten Puncte zeigten, wegen der Ebbe und Fluth. Während der Fahrten des Schrauben-Kanonenbootes Morsh, vom 13 bis 17 July 1862, bei frischem SW Winde, bemerkte man aus dem Unterschiede zwischen den berechneten und observirten Puncten vom NO Viertel eine Strömung von $3\frac{1}{2}$ bis 16 Meilen des Tages (24 Stunden), 1863 aber auf demselben Schiffe vom 4. bis 8. August, bei veränderlichen Winden, berechnete man die Strömung nach derselben Norm, von NNO und NO von 5 bis 17 Meilen in 24 Stunden.

Das Befahren der Tatarstrasse ist nicht schwierig, nur erheischen die herrschenden Nebel die grösste Aufmerksamkeit; der Commandeur des Schooners Wostok sagt, „dass die Schifffahrt daselbst nach seiner Beobachtung, ohnerachtet der vorherrschenden Nebel, ungefährlich und lange nicht so beschwerlich ist, als z. B. im Finnischen Meerbusen; bemerkbare Strömungen sind nicht vorhanden, und wenn sie vorhanden sind, so dependiren sie von der Stärke und Ausdauer des Südwindes, und werden schwerlich zu grösseren Missgriffen führen. als sich bei einem gewöhnlichen Bestecke zeigen dürften. Weiter sagt derselbe: wer wegen anhaltenden Nebels seines Besteckes nicht sicher ist, thut gut, wenn er um die Mittagszeit sich dem Ufer Sachalins nähert, wo man mit Bezug auf die obenerwähnte Klarheit unter dem

Lande, sogar eine Observation bekommen kann. Nördlich von den Tschichatschewschen Steinbrüchen (4 Meilen südlich von Due) würde ich dreist Sachalin auf das Loth anlaufen bis zur Tiefe von 10, südlicher aber 20 Faden, weil man mit dieser Tiefe nicht näher als 4 Meilen kommen wird. Der Tatarischen Küste darf man sich aber nicht mit solcher Sicherheit nähern; es ist mir an dieser Küste, während des Nebels, öfters begegnet, das Land erst in 200, sogar nur 100 Faden Entfernung zu entdecken. Auf das Loth kann man sich nicht verlassen, indem ich bis 40 Faden, innerhalb einer Cabellänge vom Lande, gefunden habe, besonders bei den steilen und hohen Vorgebirgen.“ Wer, von Norden des Oceans kommend, durch die Laperousestrasse einsegeln will, muss in dem Ochotschen Meere, durch eine der Kurilenstrassen, seinen Cours auf Cap Aniva richten, sich so haltend, dass er, bis er dieses Cap in Sicht hat, nicht südlicher als die Parallele von 46° kommt, weil die Strömung südlicher ihn stark an die Insel Iturup und Matsmai versetzen wird. Wenn man auf der Höhe von Cap Aniva ist, bei welchem Wetter es auch sein mag, muss man, um seine Lage zu bestimmen, durchaus dieses Cap in Sicht haben als den Anfangspunct zum Einlaufen in die Laperousestrasse. Wenn man durch eine Kreuzpeilung auf Cap Aniva seine Lage bestimmt hat, muss man so steuern, dass man den **Stein der Gefahren „Kamen Opasnosti“** südlich oder nördlich, in 5 Meilen, umsegelt; wenn man nördlich um diesen Stein geht, muss man, um Cap Krilljon zu vermeiden, anfänglich SW, später aber W steuern und sich hüten, diesem Vorgebirge nicht näher, als auf 40 Faden Tiefe zu kommen; Cap Krilljon muss man 5 Meilen abhalten wegen eines grossen Riffes. Wenn man den Stein südlich umsegelt, muss man sich 12 Meilen abhalten, weil die Strömung an diesen Stein ansetzt. Dieser Stein ist ganz flach, über 20 Fuss über der Meeresfläche und circa 60 Fuss im Diameter, mit blinden Scheeren umgeben und von einer Menge Seelöwen besucht, welche mit ihrem anhaltenden Gebrülle, bei

Nebel und beim aufmerksamen Hören, die Seefahrer vor einer zu grossen Annäherung dieser gefährlichen Stelle, warnen. Dangerous rock, Kamen Opasnosti befindet sich vom Cap Crillon gegen SO, ca. 5 Meilen entfernt, bedarf aber einer genaueren Bestimmung. Innerhalb Cap Crillon, etwa 1—2 Meilen gegen ONO vom Lande, liegen zwei vom Wasser überspülte Steine. Daher ist es nicht rathsam, zwischen Crillon und dem Stein der Gefahren zu steuern — sondern besser diesen südlich zu passiren, wo man breites Wasser hat. Die in Krusensterns Karten angegebenen Tiefen sind durchaus richtig. Wenn man Cap Krilljon in Sicht hat, kann man die nördlichen Ufer der Insel Matsmaja, Pick de L'angle und die Insel Refundscheri und Moneron zwar sehen, doch darf man sie nicht als Peilung gebrauchen, weil sie noch uicht genau aufgenommen sind, und ihre Lage auf den Karten des Russischen Hydrographischen Departements von 1852, unter sich nicht richtig ist. Wenn man den Meridian Cap Krilljon gemacht hat, nimmt man seinen Cours in der Mitte, zwischen der Insel Moneron und dem Krilljonschen Ufer, allein wenn man dann weiter nördlich in die Tatarstrasse geht, muss man sich mitten in derselben halten, auf 49 aber suchen die Tatarische Küste in Sicht zu bekommen, weil die Küste von dieser Parallele bis De-Castries am besten aufgenommen ist; die auf den sich ausdehnenden hohen Vorgebirgen angegebenen Tiefen sind ziemlich genau angegeben, und können als guter Leitfaden dienen. Schiffe, die in der Laperousestrasse von Osten nach Westen gehen, werden es bei Gegenwind günstig finden, in der Aniva-Bucht zu laviren, weil da weder Strömung noch Wellenschlag ist.

Provision und Feuerung. Wild und Fische findet man im Ueberfluss; auf 30 bis 63 Faden fängt man sehr schöne Dorsche, frisches Wasser und Holz findet man reichlich, fast an allen Ufern der Tatarstrasse; Steinkohlen in grosser Menge in Due.

Lootsen. Zwischen De-Castries und Nicolajewsk giebt es keine eigentlichen Kronslootsen, wohl aber sind 5 Mann gut unterrichtet darin, indem sie eigens deswegen 1859, 60, 61 auf einem besonderen Fahrzeuge eingeübt sind. Eine feste Taxe existirt nicht, und sie werden auch nicht als verantwortliche Lootsen, sondern nur als Führer gegeben, man kann sie bekommen, wenn man sich in Castries, an den Chef des Postens, und in Nicolajewsk, an den Stab des Gouverneurs, wendet. Für die Nördliche Durchfahrt zwischen Sachalin giebt man keine Lootsen oder Führer.

Suffren Bay. Das Cap Suffren bildet auf seiner Nördlichen Seite 47° 20′ eine offene, zum Ankern taugliche Bucht desselben Namens, von Wald umgeben. Gegen das niedrig gelegene Ufer bricht immer eine Brandung. Das Cap ist mit Steinen umgeben, und erstreckt sich 1/2 Meile ins Meer.

Der **Fluss „Fisch“** liegt auf 37° 55′ Nördlicher Breite. Vor der Mündung, ungefähr in 1 Meile Entfernung, ist ein Ankerplatz auf 9 Faden, der gegen NW und WWinde geschützt ist.

Cap Low hat ein hohes Ufer hinter sich

und liegt auf 48^0 20′ Nördlicher Breite; eine Meile davon ist 8 Faden Wasser.

Auf 15 Meilen nördlich von Cap Low ist die Küste unregelmässig, erstreckt sich aber weiter gegen Cap Hadschi (Beachy Head), 20 Meilen in NtO; sie hat eine Tiefe von 14 bis 17 Faden in 2 Meilen Entfernung vom Lande. Innerhalb sieht man hohe, schneebedeckte Gebirge und Fichtenwälder, bis an das Ufer reichend, und sich in Hügel und Abhänge endigend.

Imperatorskoi Bay, seit 1853 genannt Imperator Nicolays Hafen, auf Englischen Karten Baracout Bay, von den Eingeborenen Hadschi genannt, ist eine mächtige, gegen alle Winde geschützte Bucht, tief in's Land hineinschneidend, sich in mehrere tiefe Buchten theilend, und mit schönem Walde bewachsen; sie theilt sich in 4 Buchten: Die eigentliche Hadschi-Bay und die dazu gehörenden Seitenbuchten, nämlich die Alexandrowsche oder die Nördlichste, von den Eingeborenen Ui genannt, die Constantinowsche oder die Westlichste, von den Eingeborenen Ma genannt, und Jyrga-Bucht oder die Südwestlichste. Jede dieser Buchten ist an und für sich, ein sicherer Hafen für Schiffe jeden Ranges, und gegen alle Winde geschützt; allein die Constantinowsche ist besonders bemerkenswerth und geschützt, nur der Westwind, von dem Flusse Ma wehend, ist etwas fühlbar. Die Tiefe ist 5 bis 13 Faden; hart am Ufer bis 5 Faden. Bei der Pallada-Bay, in's nördliche Ende einschneidend, ist der Militair-Posten Constantin; gegenüber demselben ist auf 8 oder 9 Faden, ein zuverlässiger Schlammgrund und das gewöhnliche Lager der Kreisschiffe, die dort auch überwintern. Die Alexandrowsche Bucht ist insofern ungünstiger als die vorgenannte, weil sie den Nordwinden exponirt ist. Die Tiefe ist 200 Faden von der Landzunge 2 bis 5 Fuss und weiter nach der Mündung 3 bis 12 Faden; am Ufer aber bis 4 Faden. Die Jyrga-Bucht, oder die Südwestlichste, theilt sich in 2 Arme, hat 3 bis 7 Faden Tiefe. Der Fluss Hadschi mündet in diese Bucht.

Das südliche Ufer der Imperatorskoi Bay kann man bergig, das nördliche hügelig nennen; beide sind mit dichtem Walde von Lerchen, Fichten, Silberfichten, Birken und theilweise Cedern bewachsen. Bauholz aber wächst am meisten tiefer im Lande und hauptsächlich auf dem südlichen Ufer. Dieser, viel von Kriegsschiffen, weniger aber von Kauffartheischiffen besuchte Hafen, ist jetzt dem Holzhandel freigegeben, und ist gewöhnlich vom 25 April bis 15 November zugänglich.

Die Einfahrt zur Imperatorskoi ist auf 49^0 $1\frac{1}{2}'$ NB. zwischen der Insel Tullo auf der südlichen, und dem Cap Freeman auf der nördlichen Seite, die sich in NtW und StO von einander befinden, ungefähr in der Entfernung einer Meile. Auf der südwestlichen Seite der Einfahrt, auf $\frac{1}{3}$ des Abstandes von Cap Sybille und Cap Freeman, ist eine Untiefe, Carr genannt, die sich auf einer Cabellänge vom Ufer erstreckt, bei einer Tiefe von $1\frac{1}{2}$ bis 2 Faden. Die Tiefe der Bucht ist überhaupt 5 bis 15 Faden, und der Grund Schlamm.

Für das **Einsegeln** dient folgende Anleitung: Schiffe, die vom Norden kommen, werden bei klarem Wetter auf 49° 18½' N Breite, Cap Lessep (Cap Barren Bluff) in Sicht haben, und über das Cap Hadschi (Beachy Head) drei Hügel sehen; wenn sie den mittlersten davon auf StW bringen, müssen sie in dieser Richtung segeln, welche zur Einfahrt in die Bucht führt. Dem Ufer in 3 Meilen auf NtO ½ O von Cap Freeman darf man sich nicht mehr als auf 2 Cabellängen nähern, um einen unter Wasser liegenden Stein, auf welchen zuweilen Brandung, zu vermeiden; dieser Stein liegt in einer Cabellänge von dem, nicht mit Wald bewachsenen Vorgebirge. In 2 Cabellängen von diesem Steine ist die Tiefe 12 Fuss, und weiter nach Cap Freeman 13 bis 15 Faden. Cap Freeman geht man in einer bequemen Entfernung vorüber, und wenn man Carr Grund passirt ist, kommt man in den Hafen und kann nach Belieben ankern; zunächst der Palladabucht ist aber der beste Ankerplatz, nämlich am südlichen Ufer in SSW von der Insel Fortescue. Schiffe, die vom Süden oder SO den Hafen suchen, müssen Cap Hadschi (Beachy Head) welches leicht zu erkennen ist an einigen über dem Wasser liegenden Steinen, $^{1}/_{2}$ Cabellänge von der Spitze, in Sicht haben; nachdem man dieses Vorgebirge in bequemer Entfernung umsegelt hat, geht man nach dem Einlaufe zum Hafen, beobachtend, dass man sich dem niedrigen, steinigten, kahlen Vorgebirge Tronson, welches in NNO circa 5 Meilen von Cap Hadschi und circa $^{3}/_{4}$ Meilen Südost von der Insel Tullo liegt, nicht mehr als auf $1^{1}/_{2}$ Cabellängen nähert. Zwischen dem Cap Tronson und der Insel Tullo ist das Ufer gefahrlos; wenn man die Insel Tullo in einer Cabellänge passirt ist, in einer Tiefe von 12 bis 13 Faden, kann man ankern.

Warnung. Schiffe, die Imperatorskoi suchen während des Nebels, und ihrer Stelle nicht ganz sicher sind, dürfen sich nicht mehr als auf 40 oder 35 Faden nähern, jedenfalls müssen sie auf Versetzung durch die Strömung rechnen, die bei nördlichem Winde südlich, und bei südlichem nördlich versetzt; man hat bei heftigem Winde diese Strömung von 25 bis 30 Meilen in 24 Stunden gefunden, und dass sie zuweilen ganz unregelmässig ist.

Ebbe und **Fluth.** Die Eintrittszeit der Fluth ist X Uhr 0 Minuten, mit einer Steigerung von 3 bis 4 Fuss.

Die **Küste** von Imperatorskoi bis De Castries geht, im Allgemeinen gesprochen, gegen Norden und ist tief; die Tiefe ist in 2 Meilen Entfernung 15 bis 18 Faden; gegenüber Cap Byki, auf 49° 33′ N Breite, hat man 25 bis 30 Faden Tiefe gefunden nur eine Cabellänge vom Ufer entfernt. Von Cap Hadschi bis Cap Lessep ist das Ufer niedrig, hügelig, mit kleinem Walde bewachsen, dahinter aber erheben sich Berge, zwei Bergketten bildend, vom Meere gesehen. Einer dieser Berge erscheint in conischer Form mit Schnee bedeckt, und ist in einer Entfernung von 50 Meilen sichtbar. Das tiefe Ufer ist stellenweise vom Meere unterspült, grosse Felsmassen theilen sich zeitweise ab, fallen herunter und bilden ein steinigtes gefährliches Ufer.

Die **Conturen** des Ufers sind unregelmässig, wenn man sich aber ausserhalb der, die Cap Hadschi und Cap Lessep vereinigenden Linie hält, so vermeidet man alle dazwischenliegende Vorgebirge. Auf der ganzen Strecke, von Imperatorskoi angefangen, trifft man Dörfer, wie Ui, Dschuwanko und Data, oder bei der Mündung des Flusses Tumdschi.

Cap Lessep oder Barren Bluff ist ein hoher perpendiculairer, sich ins Meer erstreckender Abhang, hinter welchem Schiffe sich gegen NNO und NW-Winde, auf einer Tiefe von 5 oder 6 Faden schützen können, die Spitze des Vorgebirges in NO haltend. Beim Cap Lessep laufen die entfernten Berge bis zum Ufer hinaus und bilden bis Cap Byki hauptsächlich ein steiles, mit kleinem Walde bedecktes Ufer mit den auslaufenden Vorgebirgen: Jumi, Tschumi und Byki; diese Vorgebirge sind hauptsächlich von Granit und zwar Tschumi von rothem Granit; im Ganzen ist dieser Theil der Küste sehr malerisch belebt mit Cascaden, die sich in einer Höhe von 150 Fuss in's Meer ergiessen.

Ehe man zu Cap Byki kommt, ist das Land einige Meilen gegen W mit einem breiten, aber niedrigen Walde bedeckt, hinter welchem sich eine hohe Bergkette erhebt.

Cap Byki ist ein steiler, kahler, sich in's Meer erstreckender Abhang mit vielen Spuren anhaltenden Zerfallens. Das Ufer ist auf der ganzen Strecke, von Byki bis Aukan (Dent) durchgängig nicht hoch und unterscheidet sich theilweise nur durch Hügel, die mit kleinem Walde bedeckt sind. Auf der Nordseite des hohen Vorgebirges, auf 49° 46′ N Breite (auf den Englischen Karten Cape Destitution benannt) ist eine Bucht, in der Schiffe sich gegen SO bis SW-Winde schützen können, in 9 bis 10 Faden Tiefe, die Spitze des Caps in OSO, circa eine Meile haltend. Auf dieser Uferstrecke sind Ansiedlungen der Eingeborenen bei den Flüssen Byka, Choiol und Aukan.

Cap Aukan (Dent auf Englischen Karten) auf 50° N Breite, fällt gegen Osten ab und bildet auf der Nordseite eine Bucht; ½ Cabellänge von der Spitze liegt ein spitzer Stein von circa 20 Fuss Höhe. Von Cap Aukan nördlich ist das Ufer felsig, dem Anlegen unzugänglich, auf 50° 30′ Cap Sjurkum bildend, welches auf Krusenstern's und Englischen Karten Cap Monti benannt ist. Dieses Cap, weit in's Meer auslaufend, dient den Uferbewohnern als Schutz gegen den Wind. Kleinere, von Norden kommende Schiffe können sich hinter demselben gegen die durch südliche Winde veranlasste See schützen und desgleichen, wenn es umsegelt ist, sich gegen nördlichen Seegang schützen. Lieutenant Boschnjak hat die Lage nach einer Mittags-Observation auf 50° 31′ 34″ N Breite bestimmt. Weiter gegen Norden bis Cap Duga liegt eine Reihe bemerkenswerther Vorgebirge: Gross Choi, Tschudoe, Tschipsany, Agase, To und Natum, welche alle steinig und felsig von der Nordseite sind, sich aber südlich vorzugsweise in lehmige Abhänge endigen, mit kleinem verkrüppelten Walde und Gestrüpp bewachsen, worin sich viele Bären aufhalten. Das Ufer ist zwischen diesen Vorgebirgen am häufigsten felsig; ein Bach in der

Niederung und die 3 Flüsse Gross Gweny, Klein Gweny und Tschipsani, dienen den Eingeborenen zum Schutze bei Stürmen; von diesen Flüssen verdient nur Gross Gweny und die Bucht Tschudoi einige Aufmerksamkeit. Das Ufer der Bucht Tschudoi giebt Schutz gegen N und S-Winde. Grade vor dem Cap Duga liegen zwei erhabene, steinige Inseln, auf welchen die Eingeborenen, im Juni, Eier von Moeven und wilden Enten sammeln, die längs dem ganzen Ufer zahlreich vorhanden sind. Auf der Uferstrecke bei Cap Gross Choy und Duga ist bei den gleichnamigen Flüssen ein Dorf der Eingeborenen. Lieutenant Boschnjak hat die Mündung des Flusses Duga nach einer Mittagshöhe, auf 51^0 16' N Breite bestimmt. Von Cap Duga bis Castries ist das Ufer felsig, und nur zwei Bäche dienen den Eingeborenen zum Schutze gegen Stürme; die Felsen selbst sind verschiedenartig, anfänglich lehmig, weiter steinig, allein überall mit kleinem Walde bedeckt.

Castries Bay, von den Eingeborenen Nangmar genannt, liegt seewärts 128 Meilen südlich von Nicolajewsk, und ist die Rhede des Amurs für tiefgehende Schiffe, weil solche nicht in den Amurfluss einlaufen können, woselbst man dann auch Lootsen oder Führer nach dem Amur bekommt. Die Breite zwischen Cap Closter Camp und Castries ist ohngefähr 4 Meilen, und ebenso tief schneidet sich die Bucht ein, — sie wird durch die Basalt-, Observatorii- und Auster-Inseln, die fast in der Mitte der Bucht liegen, in zwei Rheden getheilt, — nämlich in die Aeussere auf der östlichen Seite, und die Innere auf der westlichen Seite dieser Inseln. Die Aeussere Rhede hat zwar eine Tiefe von 4, 11 und 12 Faden, jedoch ist es besser, auf keiner grössern Tiefe als 10 Faden zu ankern, indem man widrigenfalls sich ausserhalb der Landvorsprünge befinden wird; man ist aber den Wellen und den Winden von NO bis SO preisgegeben; die Innere, vom Meere durch die Insel geschützte Rhede ist, wenn auch nicht immer ruhig, doch ein gefahrloser Ankerplatz, besonders im Nördlichen Theil bei dem Alexander-Posten, wo die Schiffe gegen NO

Winde von dem hohen Ufer geschützt sind. Der Ankergrund in der inneren Bai, zwischen der Observatorium-Insel und dem Festlande bei Alexandrofsk ist nahe der Insel sehr unzuverlässig, sowohl bei NO, als auch S-Stürmen und ausgehendem Eise. Der trügerischeste Ankergrund liegt in der Linie, die Cap Somon oder Innocent nach der Spitze des N Austerinsel-Riffs berührt und von da gegen Wostok-Riff zeigt, indem auf dieser Linie eine sehr dünne Schicht zähen Schlammes auf dem Felsgrunde liegt. Nach S, in der Arbot-Bucht, ist der Grund bedeutend besser, obgleich man den NO Winden mehr ausgesetzt ist. Der Boden ist zwar Schlamm, allein in vielen Fällen zeigt es sich, dass er felsig und nur mit einer dünnen Schicht Schlamm bedeckt ist; die Ufer sind 20—50 Fuss hoch, gegen das Meer sogar 2—300 Fuss und ganz bis zum Rande mit einem, meist dichten, faulen, dünnstämmigen Tannenwalde bewachsen; unterspült von der Ebbe und Fluth fällt derselbe immer herunter. Klosterkamp Cap ist mit dem Lande durch eine niedrige, einige Cabel lange Landzunge verbunden, über welche man von See aus in die Bay sehen kann. Oben in der Bucht ist der Alexander-Posten von 10 Häusern; derselbe befindet sich nach Roschkows Observation ouf 51^0 28' 02" NB und 140^0 29' 15" O L von Greenwich. Bei dem Posten fällt das Flüsschen Somon in die Bucht, eine ansehnliche, jedoch flache, sich weit einschneidende Bucht bildend; in dieser Bucht ist nur 2 Fuss Wasser, allein da die Fluth bis 5, 6 Fuss steigt, so ist zuweilen bis 8 Fuss. Die nördliche Bucht der Bai ist ebenfalls flach, nur 1½ Fuss, bei kleinem Wasserstande. Fast die ganze Einfassung der Castries Bay besteht aus einem, durch vulkanische Hitze gegangenen Steingemenge; nur der SO Theil mit ⅔ der Austerinsel hat grauen, schieferähnlichen Stein. Von Castries ist Landverbindung mit dem Amur mittelst einer kleinen Ueberfahrt von 25 Werst auf dem Binnensee Kisi, der mit dem Amur in Verbindung steht; auf diesem Wege werden eingewinterte Güter nach Nicolajewsk transportirt. Da aber der Transport auf diesem Wege ziemlich kostspielig ist, so soll es lohnender sein, die Waaren an Ort und Stelle zu verkaufen. Die Castries-Bay ist fast immer mit Nebel bedeckt und hat überhaupt immer ein trübes Aussehen. Im Frühjahre bricht sich das Eis Anfangs April, treibt aber lange auf den Rheden; und im November friert die Bucht zu. Im Allgemeinen kann man die Castries-Bay vom 1. May bis 1 November schiffbar erachten. In letzteren Jahren sind Schiffe auch später eingelaufen und ausgegangen — wodurch die eigentliche Schifffahrt wohl bis zum 20. November durchschnittlich gerechnet werden kann. Der praktischste Winterungsplatz ist in der Bai, bei 3 Faden Tiefe, auf der Linie von Arc de Laperouse südlich nach Cap Innocent; ungefähr 4—5 Cabellängen von der Arke.

Ausser den Untiefen an den Ufern und um die Insel herum hat die Bucht 2, wenn auch nicht grosse, so doch gefährliche Banken, nämlich Wostock mit 2 Fuss und Novik mit 5 Fuss. Wostok liegt in der Mitte der die Einfahrt bildenden Vorgebirge d'Assa und Catharina, etwas westlich vom Meridian des Letzteren; bei heftigem Seewind ist Brandung, allein nicht bei Landwinden; das Loth warnt auch nicht, weil ringsherum 8 Faden Wasser ist. Novik liegt auf der Hälfte der Linie, welche die Austerinsel und die Südliche vereinigt. Jede dieser Banken ist durch Flaggen abgemerkt, nördlich mit einer weissen Flagge und einem nach oben zeigenden Besen, und südlich mit einer rothen Flagge und nach unten zeigendem Besen. — (NB. Frühzeitig ankommende Schiffe müssen sich vorsehen, weil sie häufig kommen können, ehe diese Zeichen ausgelegt sind, wie es dem Havaischen Schiffe „Admiral Kasakewitsch" im Frühjahr 1865 ging, das auf Wostok auflief). Das von der Nordspitze der Austerinsel auf 1/2 Meile auslaufende Steinriff ist auf der Spitze mit einer weissen Flagge nebst aufwärtszeigendem Besen abgemerkt.

Ein **Leuchtthurm** ist auf dem felsigen Vorgebirge Closter-Kamp, das südlichste, bei der Einfahrt in die Bucht; er ist 250 Fuss hoch und mit einem festen, weissen Feuer beleuchtet, sichtbar von NW durch N und S, bis SW des wahren Compasses; sein Horizont ist 18,2 Meilen; an einem hellen Tage wurde er vom Schiffsdecke aus, schon in 24 Meilen Abstand gesehen; der Apparat ist ein katoptrischer; der Thurm ist hölzern, viereckig, 38 Fuss hoch und weiss angestrichen — die Laterne aber grau, 51^0 26′ N B 140^0 52′ Oestliche Länge von Greenwich, belegen.

Leading Line. Zur Bezeichnung der Einfahrt zur Rhede, sind in der Somonbucht $^3|_4$ Meilen SW von Alexanderposten, auf den 2 steilen Vorgebirgen, 2 dreieckige weiss angestrichene Zeichen gestellt, in NW und SO 73^0 07′ nach dem wahren Compasse; der gegenseitige Abstand ist circa 200 Faden, die Höhe des vordersten oder des östlichen dieser Zeichen ist 4 Faden vom Fundamente und 11 Faden über der Meeresfläche; die Höhe des hinteren oder des westlichen ist 5 Faden vom Fundamente und 15 Faden vom Meeresspiegel.

Direction. Von Süden kommende Schiffe

erkennen leicht an dem Leuchtthurme das Vorgebirge Closter-Camp, ausserdem findet man dieses Vorgebirge leicht, vorläufig schon durch die beiden kleinen Dugu Inseln. Die Inseln Dugu liegen nahe am Ufer, südlich vom Cap Closter-Camp, bei dem Flusse Dugu und am Berge Darbod, der sich über das westliche Ufer der Castriesbay erhebt, in SW vom Posten, und früher als alle andere Puncte, in circa 40 Meilen sichtbar ist. Cap Closter-Camp ist vom Ufer durch eine niedrige steinige Landzunge getrennt, so dass man, nahe an dieses Vorgebirge kommend, die in Castriesbay liegenden Schiffe über die Landzunge sehen kann; bei dem Vorgebirge Closter-Camp liegt ein auffallender einzeln liegender Stein, der aus der Entfernung gesehen, einem segelnden Schiffe sehr ähnlich sieht. Wenn man Closter-Camp passirt ist, und sich in der Mitte der Einfahrt zwischen Closter-Camp und Cap Castries befindet, so öffnet sich bei klarem Wetter das innere der Bucht; die kleine mit steilen Ufern und mit egalem dichtem Walde bewachsene

Observatorium Insel, und auf den beiden Seiten derselben noch 2 andere, ebenfalls waldige Inseln, d. h. nördlich davon die Basalt Insel, und südlich die Austerinsel; die erste derselben ist niedrig, die zweite felsig, mit hohen steilen Ufern. Wenn man durch eine Peilung, nach dem wahren Compasse, Cap Closter-Camp S 71° W und Observatoriumsinsel N 35° W den Cours, ebenfalls nach wahrem Compasse WtN ¼ W nimmt, der mitten durch die südliche Spitze des Cap St. Catharina und die Bank Wostok führt, und wenn Cap Closter-Camp nach wahrem Compasse in S 35° O ist, so hat man die Bank Wostok passirt. Von da nimmt man den Cours zwischen die Austern- und Observatorium Inseln, sich vor dem nach N NO von der Austerinsel auslaufenden Riffe hütend, durch näheres Anhalten an die Observatorium Insel bis 4 Faden Tiefe. Sobald von S kommende Schiffe Closter-Camp passirt sind und ein Haus auf Cap Spasenija, gerade über der Laperouse Arke, einem natürlichen Felsenthor — (auf englischen Karten fresh water point) auf einer Linie mit dem S Ende der Observatorium Insel sehen und diesen Cours halten, — so passiren sie sowohl Wostok, als auch Austerninsel Riff in guter Entfernung und können auf derselben Linie bis nahe der Observations Insel bleiben und weiter selbst den Cours beurtheilen. Das Haus ist leicht zu erkennen, indem die übrigen weiter zurück nach W stehen. Die Einfahrt nach Castries-Bay nördlich um Wostok ist die freieste. Gegenwärtig sind für die Einfahrt in Castries Zeichen gebaut, wesshalb Schiffe, die in die Bucht einlaufen, so wie sie von Cap Closter-Camp herankommen, auf deren Linie kommen und auf derselben zwischen der Bank Wostok und dem Riffe der Austerinsel gehen. Wenn man den Meridian der Observatorium Insel in circa $^1|_2$ Meilen passirt ist, müssen Schiffe die 20 Fuss oder mehr liegen, auf 6 Faden ankern, woselbst der Grund Schlamm ist; kleinere Schiffe können weiter gehen und auf 4 und $3^1|_2$ Faden ankern, auf eben solchem Grunde. Wenn aber die Umstände es nicht gestatten, sich der Observatoriums Insel zu nähern, so kann man in dem südlichen Theile der Bucht ankern, auf der westlichen Seite der Observatoriums Insel, auf 5 bis 7 Faden und ebenfalls Schlammgrund. Bei Nacht ist die Einfahrt durch den Leuchtthurm auf Closter-Camp gesichert.

Bei südlichen Winden ist die De-Castries-Bay ein vollkommen sicherer und ruhiger Ankerplatz, im Herbste aber, wenn starke W und NO Stürme wehen, ist das Ankern in De-Castries unbequem; aus dem Thale Secheri wehen schwere westliche Winde mit Stössen, und von Nordosten kommt eine hohe See.

Der Ausfahrten von Castries nach dem Liman giebt es zwei, eine nördlich, die andere südlich um die Observatorium Insel; wenn man die erste benutzen will, muss man sich beinahe in der Mitte zwischen der Observatorium Insel und der Basalt Insel halten, jedoch näher zur Observatorium Insel; will man die Letztere benutzen, muss man 1/2 Meile südlich um die Observatorium Insel gehen, in beiden Fällen aber auf das äussere Vorgebirge d'Assa steurend, dem man sich indessen nicht mehr als auf $^1/_2$ Werst oder $2^1/_2$ Cabellänge nähern darf.

Ebbe und Fluth ist in Castriesbay regelmässig 2 Mal täglich; Fluthzeit 10 Uhr 30 Minuten, bei einer Steigerung von 4 bis 9 Fuss.

Provisionen und Wasser. Fleisch, Mehl, Zucker, Getränke etc. findet man, für jene Gegend zu annehmbaren Preisen in De-Castries an Ort und Stelle, und nicht theurer als in Nicolajeffsk. Ochsen kann man nur aus dem Dorfe Kisi bekommen, die, mit dem Herantreiben, auf 75 à 80 R. kommen. Von Geflügel bekömmt man zuweilen Rebhühner. Kartoffel, schottländischer Kohl und Rüben sind mit gutem Erfolge angepflanzt worden.

Des Sommers kommt der Buckellachs nach dem Flusse Somon, und zu jeder Jahreszeit fängt man in Menge 2 Sorten Butten, sowohl auf Angeln wie mit Netzen. Austern sind fast gänzlich vertilgt. Frisches Wasser kann man füllen am oberen Ende der Bucht, beim Alexander Posten, wo ein Bach ausströmt, oder auch am Wasserfalle.

Das Ufer nördlich von De-Castries bis Cap Lazarew bildet eine Reihe von Landzungen mit zwei Vorgebirgen auf jeder, nämlich: Sutschew und Tschichatschew, Catarina und Nevelskoy, Murawjew und Lazarew, gleichsam 3 einzelne Halbinseln bildend, zwischen denen sich bedeutende, doch noch wenig bekannte Buchten befinden.

Die Bucht zwischen Cap d'Assa und Sutschew ist tief und, wie man sagt, auch an dem Ufer tief; in einigen Cabellängen vom Ufer hat man 8 bis 10 Faden gefunden, am tiefsten dicht bei d'Assa; der Ankergrund ist ganz haltbar bis Sustschoff hin; allein da sie noch gar nicht untersucht ist, so kann man von ihr nichts Weiteres sagen, als dass das Flüsschen Taba, welches in den Kisi fällt, längs der Spitze derselben läuft und den Eingeborenen als eine Verbindung mit dem Kisi See, und von da nach dem Amur, dient.

Ongefähr 1 oder $1\frac{1}{2}$ West nördlich vom Cap d'Assa stürzt ein kleiner Wasserfall vom Felsen ins Meer, welches hier 3 Faden vom

Ufer noch 10 Faden tief sein soll. Dieser Wasserfall ist bei trübem und neblichtem Wetter eine gute Warnung, indem man ihn hören kann, ehe man das Ufer oder die Brandung sieht, übrigens schimmert er, fast durch jeden Nebel, als ein silberner Streifen durch.

Die Caps Sutschew und Tschichatschew liegen von einander in NO und SW 6°; auf 1/3 der Entfernung vom Ersteren befinden sich gelbe und weisse Abhänge, die bei trübem Wetter als gute Kennzeichen dienen. Nördlich von der Ostseite des Cap Sutschews ist eine kleine Bucht, mit einem Ankerplatze von 4—5 Faden Tiefe und Lehmboden, wenn man die Spitze des Caps in SSO hat. Man sagt, dass man hier ONO steuernd, neben dem südlichen Ende der linken Untiefe bei 4 Faden Tiefe, nach dem Hauptfahrwasser kommen kann; allein da diese Gegend noch nicht aufgenommen ist, so darf man diese Bemerkung nur mit der grössten Vorsicht benutzen. In der Nähe von Cap Tschichatschew sind 5—6 Faden Tiefe; weiter, etwa ONO vom Cap findet man 3 Faden, die sich noch etwas weiter hin auf 14—13 Fuss bei niedrig Wasser vermindern; danach östlicher kommen die gewöhnlichen 4 Faden Tiefe, bis eine grosse Strecke nach Sachalin hinüber, wo man auch stellenweise 6—7 Faden misst, aber von solcher Tiefe schnell auf die Sachalin-Bank, mit 12—10 Fuss kommt. In der Bucht zwischen Cap Tschichatschew und Catarina liegt bei den Glasenaps Inseln eine lange schmale Untiefe mit zwei Fuss Wasser, auf deren Mitte man bei niedrigem Wasserstande eine Brandung und oft einen Wirbelstrom sieht, der ein Schiff selbst durch eine leichte Brise herumwerfen kann, was 1864 der Altonaer Bark-Fortunata wiederfuhr; westlich von dieser Bank ist zwar auch ein Fahrwasser, welches indessen noch unbekannt ist. Die Richtungslinie der Caps Catarina und Nevelskoy berührt die östliche Seite der Bank, die steil und tief ist, mit $4^1/_2$ — 6 Faden bis dicht an dieselbe.

Im Norden der Untiefe findet man ganz nahe 3 — $3^1/_2$ Faden Tiefe, danach steigt man allmälig auf die in der Richtung von Cap Catarina herabziehende harte Bank, mit $4^1|_2$ bis 5 Faden Fahrwasser; sie hat einen Ausgang mit 3 Faden unterhalb der Insel Glasenap zum Westen nach dem Festlande; fällt nach der Seeseite zu gerade ab und verlangt grosse Aufmerksamkeit wegen der daselbst von SSO aufsetzenden Fluth Bei sehr niedrigem Wasser ist diese Bank auch zuweilen trocken.

Cap Catarina ist von gleicher Höhe wie Cap Nevelskoy und waldbewachsen; der Baumwuchs zieht sich am SO Ende des Caps näher zum Wasser und erscheint dunkler. Etwas rechts davon haben die Abhänge der Küste einen röthlichen Schimmer.

Beschreibung des östlichen Ufers der Tatarstrasse längs der Insel Sachalin.

Das südliche Ende Sachalins vom Cap Krillion an und circa 40 Meilen gen N besteht aus einer Reihe flacher Hügel verschiedener Form und wird von einigen Niederungen und Thälern durchschnitten. Das Ufer fällt in 100—150 Fuss hohen Abhängen gegen das Meer ab; dieselben sind kahl und von lehmiger Beschaffenheit, sehr häufig von bald schmäleren bald breiteren Schluchten durchschnitten, die mit Nadelholz bewachsen sind, und wovon fast jede als Bett eines dem Meere zufliessenden Flüsschens oder Baches dient.

Die Tiefe längs dem Ufer, in einer Entfernung von 1—$1\frac{1}{2}$ Meilen ist 20 bis 25 Faden mit Lehm- und Sand-Boden.

Mehr nördlich verwandeln die Hügel sich in Berge und Sachalin erscheint als eine Bergkette, zwischen denen mehrere Flüsse und Bäche sich ins Meer ergiessen. Das Ufer ist ebenfalls hoch und einzelne Berge haben eine Höhe von 1000 Fuss und bilden häufig ein steiles Ufer. Sie bestehen aus festem Sandstein mit Lehm gemischt und sind stark und hoch bewachsen. Cedern, Lerchentannen, Tannen, Birken, Ulmen, Erlen und Akazien wachsen in einiger Entfernung vom Strande, während am Strande nur verkrüppelte Tannen und Lerchentannen zu sehen sind. In den Thälern wächst saftiges und hohes Gras, ja man trifft sogar Kirschen- und Aepfelbäume an. Ueberhaupt macht die Süd Seite von Sachalin einen angenehmen Eindruck auf den Seefahrer, der sich der Insel nähert, denn die Natur ist schön und das verschiedenartige Grün wirkt wohlthätig auf's Auge.

Längs dem Ufer der Tatar-Strasse findet man Stücke von Steinkohlen, die aus der See ans Land geschwemmt sind und beweisen, dass dieses Mineral auf Sachalin vorhanden sein muss. Nördlich von dem 48^0 ist die Insel denn auch sehr reich an Steinkohlen, und von hieraus werden die einzelnen Stücke wahrscheinlich durch Wellenschlag und Eisgang nach dem Süden gebracht; an den Ufern der Aniva Bucht findet man nicht mehr solche Stücke.

Newelskoi Bay zwischen 46^0 50' und 47^0 10' N. Br. besteht aus 20 verschiedenen Buchten, vor welchen, parallel mit dem Ufer, eine Reihe Steine über dem Wasser liegen, zwischen denen sich jedoch Durchfahrten in die Buchten befinden. Die bemerkenswertheste ist die Endungomo oder Mauka-Bay, auf 47^0 05' N. Br.; sie ist gegen 1 Werst lang von W. nach O. $^1|_2$ Werst breit und 5 Faden tief. Hier liegt das japanesische Dorf Nsi. Gegen $4^1|_2$ Meilen nördlich von hier befindet sich eine ähnliche Bucht, unter dem Namen Takmaka. Obgleich die Einfahrten in die Newelskoy Bay für Seeschiffe eng und schmal sind, so bilden diese Buchten doch die einzigen Häfen längs dem ganzen Ufer von Sachalin, wenigstens bei dem jetzigen Zustande unserer Kenntnisse dieser Insel. Da die Newelskoi Buchten durch Steinriffe geschützt sind, so haben sie immer stilles Wasser und werden vom Eise nicht berührt. Der Lieutenant Rudanoffsky untersuchte die südliche Spitze Sachalins im Januar 1854, und befuhr bei 20° Kälte die Buchten auf einem Boote; auch die Einwohner erzählten ihm, dass die Gewässer sich höchst selten, und auch dann nur mit sehr dünnem Eise belegen. Gleichfalls hat er längs dem Ufer vom Cap Krillion bis 47° 30′ N. Br. keinen Schnee gesehen. Diese Erscheinung schreibt er der Ebbe und Fluth, wie der japanesischen Strömung (Kuro-Siwo) zu, die von Süden kommend, wahrscheinlich Sachalin berührt.

Notosamo Bay ist 1853 vom Schooner „Wostok“ untersucht, und liegt auf 47° 25′ 39″ N. Br. Gegen nördliche und südliche Winde ist sie durch sichtbare Steinriffe geschützt, die, von beiden Spitzen ins Meer laufend, nur eine kleine Strecke nachlassen, die den Wellen ausgesetzt ist. Diese Bucht die circa 1 Werst lang und ebenso breit ist, mit einer Tiefe von 4—6 Faden, und einem nicht weit auslaufendem sandigen Ufer, bildet einen ganz guten Ankerplatz für 1 oder 2 kleinere Schiffe. In der Mitte des Landes befindet sich ein Dorf und mehr rechts mündet ein Fluss mitten in die Bay, in einer schmalen Schlucht, mit kaltem klaren Wasser. Auf einem Boote konnte man 2 Werst den Fluss hinauf rudern. Bei hohem Wasserstande ist die Mündung frei, doch bei niedrigem liegt vor der Mündung eine schmale Sandbank, über die das Boot geschleppt werden musste. Ueberhaupt ist diese Bay sehr bequem, um sich mit Wasser und Holz zu versehen.

Etwas südlich von Notosamo erhebt sich über alle umliegenden Höhen der Pik Bernise, von dessem Fusse sich das Cap Notoso als ein niedriges Dreieck ins Meer erstreckt; dieses Cap ist eins der auffallendsten Landzungen des ganzen Ufers.

Das Ufer der Bay Notosama 10 Meilen

gegen Norden besteht gleichfalls aus lehmartigen Schiefer-Einstürzen, die ihrer Höhe und Form nach sehr viel Aehnlichkeit mit den Kreide-Ufern des englischen Kanals haben. Das Innere dieses Theiles der Insel bis zur Bay de Langl gleicht der südlichen Spitze Sachalins; ein Bergrücken, dessen höchster Punkt gegen 1000 Fuss ist, läuft in einer Entfernung von $3^1/_2$ Werst längs dem Ufer des Ochotschen Meeres. Zwischen den Bergen findet man Schluchten mit fischreichen Flüssen und Seen. Ausgezeichnetes Bauholz, als Lerchentanne, Kiefer, Silbertanne und Birke, wächst auf der ganzen Breite der Insel, wird aber bei den Ufern kleiner und undichter. Die Berge bestehen aus Sandstein und Lehm, ohne Anzeichen von Steinkohlen.

Bay de Langl. Das Ufer von Sachalin zwischen den Breiten 47^0 52′ und 48^0 02′ bildet eine ganz offene Bucht, die Laperouse Bay de Langle genannt hat; unter diesem Namen befindet sie sich auch auf der Karte von Sachalin, die im Krusensternschen Atlas vorhanden ist. Im Norden liegt der Bay das Cap Kosunai und im Süden das Japanesische Cap, die $8^1/_2$ Meilen von einander entfernt sind. Die Ufer der Bay, obgleich ziemlich niedrig, haben doch einen tiefen Strand und sind bei stillem Wetter dem Anlegen von Böten günstig; jedoch findet bei SW und NW Winden eine Brandung statt, besonders im Herbste bei NW, und dann ist das Landen gefährlich. Die beste Zeit zur Kommunikation mit diesem Ufer ist im August und September, wo stilles Wetter und NO Winde vorherrschend sind. Eine Werst vom Strande ist die Tiefe bis 5 Faden bei gutem Grunde.

An dieser Bay hat Sachalin seine kleinste Breite, wo auch die Verbindung zwischen den Ufern der Tatar-Strasse und des Ochotschen Meeres statt findet. Der Bergrücken zieht sich hier die Mitte der Insel entlang und bildet ein Thal, durch welches die Flüsschen Naiero und Kosunai sich in die Bay ergiessen. Das Thal besteht aus Treibsand, aus dem sich Hügel gebildet haben, die stark mit Gras bewachsen sind. Im südlichen Theile der Bay ergiesst sich auf 47° 54′ 30″ N Br. der Fluss Naiero, und im nördlichen das Flüsschen Kosunai, nahe an dessen Mündung sich der Posten Murawjew, oder wie er gewöhnlich genannt wird, Kosunai, befindet; hart an der Mündung liegen Japanesische und Ainasche Nomadenzelte.

Der Posten Kosunai liegt auf 47° 59′ 24″ N. B., auf einem Sandhügel am rechten Ufer des gleichnamigen Flüsschens, ¾ Werst von der Mündung, in einer von den Bächen Kosunai und Manua gebildeten Niederung und ist nicht schwer zu finden. 1859 kam das Transportschiff Mandschur vom Norden, näherte sich dem Ufer 15 Meilen nördlich vom Posten und ging dann längs dem Lande innerhalb einer Meile bei 7 und 8 Faden Tiefe, die es auch gegenüber dem Posten 1 Meile vom Strande fand. Der Steuermann dieses Schiffes, Klikoff, sagt, dass der Berg Bernise als bestes Zeichen dient, um in Kosunai einzulaufen. Auch das Haus des Chefs des Postens, mit der Flagge, dient als gutes Merkmal, da man es bei klarem

Wetter in einer Entfernung von 10 Meilen schon sehen kann.

Starke Winde herrschen hier im Sommer hauptsächlich von SSW, im Herbst von NW, im Winter von NO und W mit Schneegestöber. Am 30. August 1859 wehte es aus der Niederung, wo der Posten liegt, mit solcher Stärke, dass kleine Steinchen und Sand bis zum „Mandschur" flogen, und es total unmöglich war, auf einem Boote ans Land zu kommen, obgleich dasselbe nur 1 Werst entfernt war; zuweilen waren die Windstösse so stark, dass das Schiff, vor 2 Ankern liegend, die Maschine in Gang setzen musste.

Ungeachtet der bis 22° steigenden Kälte friert das Meer bei Kosunai nicht zu, sondern es bilden sich nur am Strande kleine Eisschollen; nur die N und NW Winde bringen zuweilen Treibeis. Der März ist schon ein warmer Frühlingsmonat.

Die letzten 2½ Werst vor der Mündung fliesst der Kosunai durch ein waldloses Thal, wo jedoch kräftige Gräser wachsen; überhaupt ist die Gegend ganz leidlich, nur dass das Seewasser durch die sandige Niederung dringt und man daher das Wasser des Kosunai bis auf $^3/_4$ Werst von der Mündung nicht geniessen kann. Um also Trinkwasser zu haben, muss man 1 Werst weiter gehen. In der Umgegend ist Holz im Ueberflusse zu haben.

Im Meere fängt man Häringe und in den Wäldern Hirsche. Gemüse kommen sehr gut fort.

Obgleich die Ufer vom Kosunai bis Cap Otasu bergig, so sind sie doch niedriger, als in der südlichen Hälfte Sachalins. Die Berge erreichen eine Höhe von 100 Fuss, sind mit üppigem Grase, Cedern-Gesträuch und niedrigem Laub- und Nadel-Holz bewachsen. Das Ufer läuft beinahe ohne Krümmungen, und parallel damit, in einer Entfernung von $^1/_4$ Werst zieht sich eine Reihe von Steinriffen. Hier befindet sich auf 48° 10′ 18″ N. Br. das Cap Ebisi und 5 Werst nördlich eine Schicht Steinkohlen. Der Strand ist in dieser Gegend 30 — 50 Faden breit und ziemlich hoch, wird daher bei der Fluth nicht vom Wasser bedeckt. Cap Otasu liegt auf 48° 16′ 37″ N. Br. in dessen Nähe man in den Bergen Schwefelkies findet.

Das Ufer von Cap Otasu beinahe bis Cap Usu auf 48° 40′ N. Br. ist sandig, niedrig und ziemlich tief.

See und Fluss Taitiska. Der Bergrücken, der zwischen Otasu und Usu nach der Mitte der Insel abflacht, bildet ein Thal mit dem See Taitiska, aus dem das gleichnamige Flüsschen entspringt. Der See und das Flüsschen sind vom Meere durch eine sandige Landenge von 120—200 Faden Breite getrennt. Das Flüsschen ist 7 Werst lang und ergiesst sich ins Meer. Die Tiefe des Flusses auf der Barre an der Mündung ist 4 Fuss, aber weiter hinauf und im See 7—10 Fuss bei niedrigem Wasserstande. Da am westlichen Ufer Sachalins keine gute Naturhäfen sind, so ist diese Bucht die beste Zufluchtsstätte für kleine Schiffe oder Küstenfahrer.

Am See, bei der Flussquelle, liegt ein Ainasches Dorf auf 48° 27′ 19″ N. Br. Die

Mündung des Flusses ist topographisch aufgenommen und auf der Karte richtig verzeichnet.

Auch hier zieht sich das Meerwasser durch die sandige Niederung in den Fluss und See, daher ihr Wasser nicht geniessbar ist; doch findet man auf den höheren Stellen des Ufers Quellen mit frischem Trinkwasser.

Zwischen 48° 35′ und 48° 50′ bildet das Ufer einen 800 Fuss hohen ununterbrochenen steilen Felsen, hinter welchem sich die hohen Berge La Manon oder Pik Itschara und Usu befinden, die nebst dem steilen Felsen dem Seefahrer auf der ganzen westlichen Küste Sachalins als besonders gute Kennzeichen dienen. Die Berge La Manon und Usu umgeben mit ihren Abstufungen den See Taitiska und fallen von hier steil zum Strande ab, indem sie noch im Meere durch einzelne hohe Steine und Steinriffe ihre Fortsetzung haben. Die Eingebornen ziehen es oft vor, dieses Ufer über die Bergkette zu umgehen, statt es auf Böten zu umschiffen.

Isilmetjeff Bay. Nördlich vom erwähnten steilen Felsen, zwischen dem Cap Orloff und Cap Tyrol, bildet das Ufer eine offene Bay die Isilmetjeff*) benannt ist. Diese Bay ist gegen 5 Werst breit und gegen 2 Werst tief; von N bis WSW ist sie offen und 3/4 Werst vom Strande hat sie 20 Fuss Tiefe. Ueberhaupt sind dort keine gute Ankerplätze. Rudanoffsky hat hier am 9. und 10. September 1857 einen ungeheuren Wellenschlag, von NW kommend, bemerkt, doch auch der gewöhnliche

*) Russische Offiziere, die das Ufer von Sachalin untersucht haben, halten die Bay Isilmetjeff, deren südliches Cap sich anf 48° 50′ N. Br. befindet für d'Estaing. Indessen ersieht man aus La Perouse's Beschreibung und seinem Atlas, dass er in der Bay d'Estaing geankert hat, auf 48° 59′ 38″ N. Br., folglich 9 Meilen nördlicher. In der Nähe dieser Breite, auf 48° 55′ 49″ liegt die Bay Tang-kotan; da aber La Perouse 3 1/2 Meilen nördlich von der Bay geankert hat, so erhalten wir, wenn wir dies berechnen, die Breite 48° 59′ die auch in seinem Atlas angegeben ist. Wenn La Perouse sich nicht in der Breite geirrt hat, so ersieht man, dass er die Bay Tang-kotan — d'Estaing benannt hat, was umsomehr wahrscheinlich ist, da die Umrisse der Ufer der beiden Bays sich ähnlich sind.

grosse Wellenschlag, der bei SW-Winden in der Tatar-Strasse vorkommt, läuft in diese Bucht, obgleich er durch die Krümmungen des Ufers geschwächt wird. Für Böte hat man bei SW-Winden beim Cap Orloff, und bei NW in den kleinen Buchten Maksutoff und Tschudinoff die sich im nördlichen Theile der Bay zwischen den Sandbänken befinden, Schutz.

Tang-Kotan oder Orokes Bay liegt neben und nördlich von der Bay Isilmetjeff, auf 48° 55′ 49″ N. Br., den Schiffen bei SW-Winden einen geschützten Ankerplatz gewährend. 1853 hat der Schooner „Wostok" sie untersucht. Vom S ist die Bay durch ein felsiges Cap, von welchem gegen N in einer $^1/_2$ Kabellänge ein theils sichtbares, theils blindes Steinriff ausläuft, von N aber durch eine sandige steile Landzunge, die im SW. mit einer kleinen Sandbank endet, geschützt. Dadurch hat sich, so zu sagen, eine abgesonderte Bay gebildet, die in ihren Umrissen der Bay Isilmetjeff gleicht, und gleichfalls von N bis WSW offen ist. Beim Eingange in die Bay hat man

36 Fuss Tiefe, die zum Ufer abnimmt; der Boden besteht aus schwarzem Lehm mit Sand gemischt.

Hinsichtlich der Sicherheit dieser Bay, sagt der Commandeur vom „Wostok", dass man auf der äussern Rhede bei stärker werdenden S-Winden ganz ruhig vor Anker bleiben kann, wobei sogar die Kommunikation mit dem Lande nicht unterbrochen wird; denn das Seerollen muss die südliche Spitze umgehen und erstirbt so, dass in der Mitte der Bay, beim Dorfe gar keine Brandung vorkommt und ausserdem reicht der Wind bis dorthin nur in seltenen schwachen Stössen. Jedoch ist es nicht rathsam, in der Tiefe der Bay mit einem Segelschiffe zu ankern, selbst nicht bei hohem Barometerstand; kommt aber ein Schiff hierher, so muss es bereit sein, gleich die Anker zu lichten, da die S-Winde in der Tatarstrasse gewöhnlich bei hohem Barometerstande anfangen heftiger zu werden, und es dann zu eng ist, um unter Segel zu gehen.

An der Bay liegt ein Thal, durch welches

sich ein Flüsschen mit klarem schmackhaften Wasser schlängelt. Der hiesige Strand ist niedrig, doch ziemlich abschüssig, aus Sand und Steinchen bestehend, und daher sehr geeignet, um Böte ans Land zu ziehen. Das Thal besteht aus einer flachen Wiese, die, obgleich nicht breit, sich doch ziemlich ins Innere zieht und mit hohem Grase bewachsen ist. Von der Südseite wird dieses Thal durch eine Reihe Hügel eingerahmt, die mit kleinen Eichen, Ahorn und anderem Laubholze bewachsen sind. Nach Norden grenzt das Thal an einen steilen Sandberg-Rücken, 50—100 Fuss hoch, auf dessen Gipfel verschiedene Arten von Nadelholz wachsen. Das Flüsschen, das in die Bay mündet, fliesst in breiten Krümmungen durch das Thal, zuweilen in mehrere Arme getheilt, die jedoch selten breiter als 2 Faden sind. Böte können hart an der Mündung landen und hier bequem frisches Wasser einnehmen.

Das Ufer von hier bis zur Bay Korsakoff ist immer hoch, entweder felsig oder bergig.

Obgleich auf 49° 03′ 33″ N. Br. keine

Bucht vorhanden ist, so bilden blinde Steinriffe dort doch einen Schutzort für Böte.

Lesoffsky Bay auf 49° 15′ N. Br. wird durchs Cap Gawriloff gebildet, dass sich im Süden befindet; hier sind einige ununtersuchte Seen und ein Bach. Vor 20 Jahren lebten hier Ainen, die aber durch das ungesunde Klima gezwungen waren, den Ort seiner Sümpfe wegen zu verlassen.

An einem felsigen geraden Ufer liegen auf 49° 33′ und 49° 39′ N. Br. zwei kleine Buchten Najasi oder Maria und Sokkota, die durch die umliegenden Steinkohlenlager Aufmerksamkeit verdienen.

Najasi Bay, genannt Maria, ist nur oberflächlich untersucht, doch befindet sich dort eine bequeme Wohnstelle; hier ist man durch ein von SW sich ziehendes Riff gegen Brandung geschützt. Bei den herrschenden ONO bis SSO-Winden können Segelschiffe von hier bis zum Imperatorskoy Hafen hin und zurück segeln. Der Najasifluss soll vor seiner Mündung ein 15 — 20 Fuss tiefes Bassin bilden, auf der Barre aber bei Hochwasser 6—7 Fuss haben.

Sokkota Bay ist dagegen untersucht und beschrieben; sie liegt auf 49° 39′ N. Br. und gleicht in ihren Umrissen der Maria Bay, nur dass sie in jeder Hinsicht schlechter als dieselbe ist. Hier befindet sich das Sertunai Thal nebst Bach; etwa $^1/_2$—$^3/_4$ Werst nördlich vom Ausflusse des Baches bildet ein Stein einen Vorsprung und von da bis Najasifluss — etwa 5 Meilen südlicher — weicht die Landlinie von gerade etwas bogenförmig nach dem Meere ab. Dem Ufer entlang sieht man bei niedrigem Wasser einzeln zerstreute Steine bis ungefähr $^3/_4$ Werst vom Lande. Hier, in 1 Meile, ist die Tiefe ca. 4 Faden und 8—9 Faden bei 3—4 Meilen; der Grund schlammig, sandig, theilweise sogar lehmig und näher zu Najasi zäher, grauthonig, also haltbarer Ankergrund. Gegenwärtig werden in Sokkota Steinkohlen gegraben und wahrscheinlich mit Erfolg, indem 1862 die russische Bark „Triton“ von hier eine Ladung zum Verkauf nach Shanghai brachte.

Im Sommer 1863 lief hier der Kriegs-Klipper „Haidamak“ ein, kam aber beim Ankerwerfen auf einen unbekannten Stein, unweit des Postens. Etwa 8 Meilen nördlicher kommt durch einen ziemlich schmalen Ausgang der Sjakotanbach. Vor diesem Platze liegen gegen 40 Faden vom Ufer mehrere kleine Riffs, hinter welchen freies Wasser mit 4—3 Faden Tiefe bis dicht zum Lande sein soll.

Cap Wosdwishenija (Kreuzeserhöhung) auf 49° 56′ 18″ N. Br. ist unzugänglich und felsig. An einem dicht davor liegenden, hohen spitzen Felsen, hinter welchem das Cap selbst (Sjakotan) als ein ca. 100 Fuss hoher fast senkrechter Erdbluff aufsteigt, ist es zu erkennen In seiner Nähe befindet sich gleichfalls ein Steinkohlenlager.

Korsakoff Bay, auf 50° 04½′ N. Br. kann als Ankerplatz gegen SW-Winde Schutz gewähren. Im S ist sie durch das Cap Pilwo gedeckt, welches von einem Steinriff umgeben ist, an dessen Ende ¾ Werst vom Cap, sich zwei einzelne hohe Steine befinden. Die Tiefe beträgt $^3/_4$ Werst vom Strande 18 bis 21 Fuss. In diese Bay ergiesst sich das Flüsschen Schlippenbach zwischen hohen Bergen. Bis gegen $3^1/_2$ Werst von der Mündung hat dasselbe 7 Fuss Tiefe, auf der Barre 4 Fuss, und bei niedrigem Wasser 2—3 Zoll. Das Flussbett ist von N und S durch hohe Berge eingerahmt. In der Bay Korsakoff befindet sich ein Dorf von den Ainen Porokotan und von den Giljaken Pilwo genannt, was in den Uebersetzungen grosse oder weite Gegend heisst. Es ist das erste Dorf von Süden, wo Giljaken wohnen, und besteht aus etwa 10 Hütten.

Von Bay Korsakoff bis Du-e ist das Ufer überall einförmig felsig, sehr hoch und unfruchtbar; die Berge werden höher und zackiger, die Natur rauher als in der südlichen Hälfte Sachalins. In 50—80 Faden Entfernung vom Strande zieht sich ein Riff von Steinen, die theilweise über'm Wasser sind, wodurch die Küstenschifffahrt sehr behindert ist. Da in diesen Gegenden keine topographische Aufnahme gemacht ist, so kann man sich auch nicht genau richten; so haben z. B. Einige dieses Riff nicht gesehen, und erklären, dass nur ganz nah am Strande, etwa 10 Faden entfernt, einzelne Steine in der See liegen. Dieses ungastliche Ufer wird nur im Frühjahre von den einheimischen Giljaken· besucht um Seekälber und Seelöwen zu fangen, die heerdenweis auf die Steine kriechen. Im NW vom Cap, etwa 1 Meile oder mehr entfernt, liegt eine Felsenmasse, von 1—1½ Werst Umfang und 10—12, theilweise bis 30 Fuss über Wasser. Diese Felsen könnten Schiffe einigermassen gegen S—SW-Winde schützen, liefe nicht gerade vom Festlande aus, nahe beim Dorfe in der Richtung nach jenen Felsen, ein Riff, das selbst bei niedrigem Wasser nur wenig entblösst ist und durch seine Lage den Ankerplatz beengt.

Moisejeff Bay, auf 50° 18′ 54″ N. Br. kann auch vor SW schützen und ist 18 Fuss tief. Sie ist von 1000 Fuss hohen Felsen umgeben, allein nicht zu bewohnen.

Nördlich von Cap Furuhjelm, welches ungefähr auf 50° 42′ N. Br. liegt, und von Steinen umgeben ist, mündet der Bach Adgni zwischen Felsen; bei niedrigem Wasserstande hat die Barre 3 Fuss.

Du-e oder Jonquiere Bay, unter diesem Namen versteht man den Posten Du-e, wo ein Steinkohlenlager bearbeitet wird, wie auch die 5 Meilen nördlichere Bay. Der Posten liegt an der Süd-Seite einer unbedeutenden Krümmung zwischen den Caps Hadschi und Du-e oder Jonquiere, auf 50° 49½′ N. Br. Cap Hadschi ist das südliche und näher zum Posten belegene, während Du-e das nördliche ist; letzteres endet mit einem conischen Felsen und hat nördlich 3 im Meere einzeln stehende Steine 50 Fuss hoch. Den Strand zwischen beiden Caps bilden 200—300 Fuss hohe Hügel, die sich gegen das Meer, wie überhaupt überall längs der ganzen Küste Sachalins, in steile Einstürze endigen und so ihre Formation, Lehmschiefer, zeigen; doch findet sich auch zuweilen ein sehr harter grauer Stein. Die Schichten senken sich gewöhnlich zum Horizont und haben einen gelblichen, grauen, selten röthlichen Schein, zwischen denen stellenweise die schwarzen Steinkohlenschichten durchschimmern.

Leuchtthurm. Um den Schiffen das Ansegeln zum Posten zu erleichtern, ist $^3/_4$ Werst nördlich von hier ein Leuchtthurm gebaut, der 374 Fuss hoch ist, mit einem festen weissen Feuer den Horizont von SW$^1/_4$W durch W und N bis NtO$^1/_4$O auf 22,2 Meilen' beleuchtend; doch da das Feuer nur aus 5 Lampen besteht und daher schwach ist, so erblickt man es erst in einer Entfernung von 7 Meilen. Der Thurm ist von Holz, viereckig, hat 2 Etagen, weiss angestrichen und Nebengebäude; die Laterne ist grau.

Das Cap Du-e kann auch als ein gutes Kennzeichen dienen um den Posten aufzufinden; wie oben gesagt, hat es an seiner Spitze einen conischen Felsen und nördlich die drei einzelnen hohen Steine im Meere. Ausserdem kann man den Posten auch an der Lage der Berge erkennen, die in dieser Gegend Sachalins, nur zwischen den Caps Du-e und Hadschi, sich von N nach S längs dem Ufer in zwei Ketten oder Reihen ziehen, von welchen die niedrigere Kette näher zum Strande, und die höhere, weitere, die Hauptkette bildet. Die niedrigere fängt beim Cap Du-e an und vereinigt sich mit der höheren hinter Hadschi.

Wenn Schiffe während des Nebels heransegeln, so ist es den von N kommenden anzurathen, erst das Cap Du-e aufzusuchen; kommt man aber von S, so nähere man sich dem Ufer südlich von Hadschi bis auf so weit, dass man es erkennt, und dann gehe man längs dem Ufer, in $1\frac{1}{2}$—2 Meilen Entfernung, wo man schon keinen Nebel antrifft, denn wie bekannt, hält sich im Sommer der Nebel in dieser Gegend Sachalins stets in einer Entfernung von 3 Meilen vom Ufer.

Schiffe, welche südlich von Hadschi das Land in Sicht bekommen, können sehr gut ihren Standpunkt bestimmen nach einem zwar kleinen, doch gut zu erkennenden Wasserfall, der sich südlich von Hadschi am Strande aus einer Bergschlucht ergiesst.

Warnung. Schiffe, die sich dem Posten

nähern, werden gewarnt vor einem Steinriff, der von der NW Spitze von Hadschi nach NW 28^0 auf 1 Werst sich erstreckt, und aus vier verschiedenen Steingruppen besteht, die bei niedrigem Wasserstande sichtbar sind. Nach N, W und S von diesem Riff ist die Tiefe plötzlich 5 und 4 Faden, auf der Ost-Seite aber nimmt die Tiefe bis zum Posten allmälig ab. Der Boden besteht in der Nähe des Riffs aus kleinen Steinen und Fliesen; wo es tiefer als 6 und 7 Faden ist, aus Lehm, wo aber flacher und näher zum Strande, aus Sand. Die nördliche Spitze dieses Riffes liegt von der Mitte des Posten nach SW 85^0; und da der Leuchtthurm $^3/_4$ Werst nördlich vom Posten gebaut ist, so darf man nicht südlicher als auf dessen Parallele ankern. Am sichersten ist es den Leuchtthurm beim Einsegeln in SO zu halten; sobald dann der ganze Strand und alle Spitzen südlich von Cap Hadschi, hinter diesem Cap verschwunden sind, trifft man 6—7 Faden.

Im Frühjahre und Sommer, bis medio September kann man auch auf 5 Faden vor Anker gehen, doch näher darf man nicht kommen, da die Tiefe später plötzlich abnimmt und zwischen dem Strande und 3 Faden Tiefe sich stellenweise am Boden grosse Steine befinden.

Bevor man vor Anker geht, muss man sich vergewissern, ob es Ebbe oder Fluth ist, denn bei letzterer steigt hier das Wasser um $7^1/_2$ und mehr Fuss.

Im Mai, Juni, Juli und August giebt es hier keine NW Winde; sie kommen zwar im September vor, jedoch nicht stark, im Oktober aber wüthen sie hier sehr heftig und lassen höchstens auf $^1/_2$, selten auf einen ganzen Tag nach.

Das Ankern in Du-e ist im Sommer gefahrlos, da der Wind und der Wellenschlag längs dem Ufer geht, und, obgleich am Strande eine Brandung hervorgebracht wird, die das Einnehmen von Steinkohlen hindern kann, so geben doch öftere stille Tage die Möglichkeit rasch die Ladung einzunehmen, besonders bei den jetzigen Mitteln, wo eine Brücke mit einem Krahn gebaut ist und man zwei Lichter hat, von denen jeder 400 Pud laden kann.

Der Posten selbst besteht aus mehreren Häusern und Kasernen, in denen die verwiesenen Ansiedler wohnen, um in den Kohlengruben zu arbeiten. Zur Aufsicht ist hier eine Compagnie Liniensoldaten. Beim Posten wird mit gutem Erfolge Gemüse gepflanzt; im Herbst kann man sie für Geld kaufen oder gegen Branntwein, Butter, Kohl, Salz und andere Lebensmittel eintauschen.

Der Posten befindet sich auf 50° 49′ 49″ N. Br. 142° 06′ O. Länge von Greenwich.

Ebbe und Fluth. Die Eintrittszeit der Fluth ist X Uhr O. M.; nach einer andern Angabe tritt die Fluth ein um X Uhr 24 Minuten. Das Wasser steigt um 7½ Fuss; die Abweichung der Magnetnadel war 1862 6° 20′ nach W.

Du-e Bay oder Jonquiere, befindet sich wie gesagt nördlich vom Cap desselben Namens, gegen 5 Meilen vom Posten; sie ist von NO durch N und W bis S offen, hat grösstentheils einen schlechten Boden bei 9 und 7 Faden Tiefe. Kleine Schiffe können näher zum Strande auf 3 Faden Wasser ankern, wo man einen guten Sandboden hat, und dann ist das Schiff nur den Winden von N bis WSW ausgesetzt. Jedenfalls hat man in dieser Bay nur bei gutem Wetter einen sicheren Ankerplatz.

In die Bay ergiesst sich der Bach Du-e, in welchen Fahrzeuge mit 6 Fuss Tiefgang leicht einlaufen können um sich dort auszubessern und Trinkwasser einzunehmen. 1853, bei der Vermessung, fand man die Barre gegen 100 Faden lang, bei niedrigem Wasserstande eine Tiefe von $1^1/_2$ Fuss und bei hohem $8^1/_2$ Fuss; jedoch wie alle flachen Barren, ist auch diese im Frühjahr beim Eisgange Veränderungen ausgesetzt.

Der Bach Du-e fliesst in scharfen Krümmungen durch ein niedriges Thal in der Spitze der Bay. Stellenweise nähern sich diese Krümmungen den Sandhügeln, die das Thal einrahmen; das eine Ufer ist hoch, mit einer nicht unbedeutenden Tiefe; gegen 2 Werst vom Ausfluss sind beide Ufer flach und mit struppigem Grase bewachsen.

Nördlich von Du-e bis zum Cap Uanda zieht sich das Ufer in einförmige Hügel und Abhänge fort, die zum Innern Sachalins allmälig höher werden. Alle Landspitzen und hervorragenden Stellen des Ufers sind abschüssig und felsig. Vor einem Cap liegt im Meere ein einzelner hoher Stein, auf dem man Seelöwen gesehen hat. Das hohe felsige Ufer endigt plötzlich bei Cap Uanda und von hier nach Norden stellt Sachalin, so weit das Auge reicht, nur eine Fläche dar, auf der man in der Entfernung, zur Mitte der Insel, einzelne abgerissene Anhöhen bemerkt, die als vereinzelte Inseln am Horizonte erscheinen. Vom Cap Uanda bis zum Durchfluss Wiachta besteht der Strand anfänglich aus Tundern oder Moorgegenden mit schwachem Gestrüppe bewachsen, weiter aber aus Sandflächen. Die Tiefe beträgt in der Entfernung von $1^1/_2$—1 Meile vom Strande 6—5 Faden, bei sandigem Boden.

Der Durchfluss **Wiachta** vereinigt einen 6 Meilen entfernten See mit dem Meere. Die Einfahrt liegt etwas nördlicher von der Parallele de-Castries, auf 51° 37′. Vor der Mündung befindet sich eine Barre, höchstens 200 Faden lang, mit einer Tiefe von 10 Fuss bei hohem Wasserstande. Dieser Durchfluss ist 60—80 Faden breit, das Fahrwasser indessen bedeutend schmäler, da es überall durch Sandbänke beengt wird. Daher man hier nicht gut ankern kann, indem auch zum Wenden des Schiffes vor dem Anker kein Raum ist. Bei Ebbe und Fluth hält die Strömung im Durchflusse auf 10 Minuten an; zwischen dieser Zeit, d. h. der Ebbe und Fluth ist die Strömung bis 4, im Anfange und beim Schlusse, bis 2 Meilen in der Stunde. Auch zum Wintern bietet Wiachta keine Bequemlichkeit dar, da bei dieser Strömung der Eisgang sehr scharf sein muss, oder man müsste das Schiff an's Land ziehen. Das Fahrwasser aufwärts zum See erstreckt sich nur auf 3 Werst. Die Umgegend besteht aus einem Torfmoor, mit Moos und schwachem Strauch bewachsen und ist eine sehr traurige und unwirthliche Aufenthaltsstätte. Dieses Moor erstreckt sich nach Süden bis zum

Cap Uanda, im Norden und Osten aber, so weit das Auge reicht. Die trockenste Stelle ist beim Durchflusse eine schmale Landenge, doch reicht die Brandung beim scharfen Winde auch hierher. Wegen der Strömung ist auch das Einlaufen nach Wiachta schwer und gefährlich und nur dann möglich, wenn man auf den Sandbänken Zeichen und am Strande eine gute Richtungslinie hätte.

Cap Tyk (Тыкъ) ist eine Sandniederung, die sich bedeutend in's Meer zieht, mit Sandhügeln, die stellenweise dunkel scheinen, wahrscheinlich durch den Strauch-Anwuchs.

Weiter nach Norden nähern sich die beiden Ufer der Tatarstrasse und bilden durch die fortgesetzten Sandbänke und Steinriffe ein schmales, krummes und durch einzeln liegende Sandbänke beengtes Fahrwasser, welches in den Amur führt. Die Ufer dieses Fahrwassers sind ganz verschieden. Das Festland ist gebirgig, waldbewachsen und stellenweise abschüssig, während das Land von Sachalin, niedrig, sandig und weit ins Wasser auslaufend, flach ist.

Die Sandbank Sachalins hat in SO von Cap Catarina mehrere Einschnitte, die den von Süden nach dem Amur gehenden Schiffen gefährlich sind. 1859 lief die Amerikanische Bark „Melita“ in eine solche Bucht und gerieth, Cap Catarina in NW habend, auf den Grund, in Folge dessen sie vollständig scheiterte; ausserdem haben noch andere Schiffe daselbst Unfälle erlitten.

II.

Beschreibung der Amurmündung oder des sogenannten Limans.

Der Amur Liman erstreckt sich auf dem Meridiane Cap Golowatschoffs auf 53^0 25′ N. B. und Cap Lasareffs auf 52^0 15′ N. B., 70 Meilen und hat die grösste Breite, d. h. 25 Meilen, gerade bei der Mündung des Flusses auf dem 53. Grade. Der in dieses grosse Bassin mit starker Strömung fliessende Amurfluss bildet viele Sandbänke, zwischen denen schmale Fahrwasser vorhanden sind, und ergiesst sich sowohl in das Ochotsche Meer, als in die Tatarstrasse; in Folge dieses Umstandes ist das Einlaufen in den Amur schwierig, und ohne Anleitung gefährlich.

Beim südlichen Einlaufe aus der Tatarstrasse in dieses Bassin beim Cap Lasareff, theilt dasselbe sich in zwei Fahrwasser, wovon das nach NNW gehende das **Südliche,** das nach NNO gehende das **Sachalinsche** genannt wird.

Das **Südliche** Fahrwasser geht längs dem Festlande bei den Tschakmut und Hagemiff Inseln, sowie den Capes Dschaore und Ussi vorbei, nach der Insel Ujusut und Cap Pronge. Dieses Cap, in einem rechten Winkel umbiegend, geht in nordwestlicher Richtung bis Cap Nale, von wo es neben dem Cap Tschchil (auf dem linken Ufer des Amurs) nach der Stadt Nicolajewsk führt, die 70 Meilen vom Cap Lasareff entfernt liegt. Die Breite des Fahrwassers variirt zwischen 100 Faden und 2 Meilen, die Tiefe aber, von Süden kommend, bis zu den Hagemiff Inseln, zwischen 4 bis 10 Faden; weiter nördlich wird es seichter und zwischen den Capes Dschaore und Pronge findet man die allergeringste Tiefe, welche Stelle denn auch als die eigentliche Barre des Amurs gerechnet wird.

Hinter dieser Barre nimmt die Tiefe wieder zu bis 6 Faden und sogar noch mehr; auf der Strecke zwischen Cap Nale und Cap Tschchil trifft man nicht über 18 Fuss; von da an ist es aber ganz bis Nicolajewsk hinauf sehr tief.

Das **Sachalinsche** Fahrwasser geht längs dem Ufer dieser Insel in 6 Meilen Entfernung und ist tiefer als das Südliche; es endigt auf der Parallele von Cap Golowatschoff auf Sachalin und der Insel Langer am Festlande in das Ochotsche Meer.

Die bei Cap Lasareff durch eine Bank getheilten Fahrwasser vereinigen sich nördlich derselben auf der Parallele der Tschome Inseln, bis sie auf der Parallele der Hagemiff Inseln wieder auseinander gehen, ohne sich wieder zu vereinigen.

Ausser diesen zwei Fahrwassern giebt es noch ein **Nördliches,** welches aus dem Amur ins Ochotsche Meer führt; dasselbe geht längs dem linken Ufer des Flusses nach Cap Tabach, von wo es als ein schmaler Arm mit vielen Krümmungen, bei einer Tiefe von 3 bis 6 Faden und lehmartigem Boden nach NO biegend, neben den Caps Oserpach und Petch auf das Cap Puir geht. Südlich von Cap Puir theilt sich dieses Fahrwasser in zwei Canäle, wovon der östliche 180 Faden Breite bei 3 bis 9 Faden Tiefe, der westliche aber eine Barre von 13 bis 17 Fuss hat, während die Tiefe sonst 3 bis 7 Faden ist, bei einer Breite von 80 Faden an der schmalsten Stelle. Beide Canäle verbinden sich wieder 7 Werst NO von Cap Puir zu einem gemeinschaftlichen Fahrwasser mit 3 bis $5^1/_2$ Faden Tiefe. Weiter nördlich ist dieses Fahrwasser noch nicht genauer aufgenommen; das Kanonenboot „Morsch" passirte aber 1864 durch dasselbe nach dem Ochotschen Meere.

Winde. Bis Juli und August sind S, SO und NO Winde vorherrschend, im Anfange des Frühjahres noch ziemlich stark, später schwächer, oft aber von Nebel und Regen begleitet. Von Juli bis medio September stille oder veränderlich, indessen bei W und NW in der Regel gutes, klares Wetter. Im Herbste weht es stark aus NW, N und NO mit schlechtem Wetter; diese

Winde erzeugen denn auch plötzlich eine starke Strömung; während des Winters 1863 war N, NW und W vorherrschend.

Die Mündung des Amur. Die Ufer des Amurs (ganz besonders das rechte) schlängeln sich sehr und sind von bewaldeten Bergrücken eingerahmt, eine Höhe von 1080 Fuss erreichend; stellenweise nähern die Berge sich dem Strande in Form abschüssiger Felsen; zuweilen bilden sie wiesige Niederungen, doch ziemlich entfernt vom Strande. Zerstreute und vereinzelte Giliaken-Ansiedelungen liegen hauptsächlich am rechten Ufer, sowohl oberhalb als unterhalb Nicolajewsk; auf dem linken Ufer aber, unterhalb der Stadt, trifft man indessen keine Ansiedelungen mehr, ausser einigen Hütten oder Filzzelten auf dem Cap Tschadbach. Die wichtigste Ansiedelung am linken Ufer ist der, aus Mariinsk hierher verlegte, Militair-Posten, 10 Werst unterhalb der Stadt, mit circa 1200 Einwohnern.

Die Breite des Flusses bei der Mündung vor dem Eingange zwischen den Caps Tabach und Pronge ist 14 Werst; weiter hinauf wird der Fluss allmälig schmäler, beim Cap Nale 9, bei Wasse und Tschnyrrach $3^1/_2$ Werst; bei der Stadt aber ist der Amur $2^1/_2$ Werst breit, weiter herauf nur $1^1/_2$ Werst. Die Tiefe des Fahrwassers am rechten Ufer oberhalb Nicolajewsks ist 3—11 Faden, unterhalb stellenweise bis 24 Faden. Ueberhaupt ist das Fahrwasser von der Stadt zur See sehr geschlängelt und durch die vielen Sandbänke, die zuweilen trocken werden, beengt.

Richtungszeichen (Leading Lines). Um sicher im Fahrwasser des Flusses gehen zu können, sind an der Mündung auf beiden Ufern Richtungszeichen gestellt, welche das Besegeln des sehr geschlängelten südlichen Fahrwassers bedeutend erleichtern. Wie man sich ihrer zu bedienen hat, wird bei der Beschreibung des südlichen Fahrwassers näher erörtert.

Die Stadt **Nicolajewsk** ist am linken Ufer des Flusses, 45 Werst von der Mündung erbaut; sie liegt auf 53° 08′ 05″ N. Br. und 140° 42′ 58″ O. Länge, am erhöhten Ufer an einer kleinen Bucht mit 5 Fuss Tiefe. Die Stadt dehnt sich längs dem Ufer von O nach W gegen 3 Werst aus, und zieht sich auf 1 Werst ins Land hinein. 1851 gegründet, entwickelte sie sich im Anfange sehr langsam; seitdem aber 1855 die Marine-Etablissements von Petropawlowsk hierher verlegt sind, nimmt die Einwohnerzahl rasch zu und jetzt, 1865, zählt man in der Stadt: Kronshäuser 74, Privathäuser 498 und bis 3½ Tausend Einwohner.

Die Rhede ist 7—15 Faden tief, der Boden im Flusse Lehm; die Strömung erreicht bei Nicolajewsk 2 Meilen stündlich, weiter zum Liman ist sie stärker; dasselbe bemerkt man auch von der Fluth, die bei Nicolajewsk nur 2 Fuss beträgt, aber weiter zum Ochotschen Meere und der Tatarstrasse zunimmt. Die Rhede von Nicolajewsk bedeckt sich Ende October mit Eis und wird erst Anfangs Mai frei; eine Woche nach dem Eisgange des Amurs bricht auch das Eis im Liman. Die nördliche Hälfte des Limans, die gegen das Ochotsche Meer offen ist, entledigt sich des Eises früher als die südliche, wo das Eis, im Süden sich stauend, so lange fest bleibt, bis das Fahrwasser von Cap Lasareff bis Cap Catharina frei wird.

1853 befreite sich die südliche Hälfte des Limans bis zu den Hagemiff Inseln erst am 25. Mai, wo ein scharfer N. Wind das Eis zermalmte; 1855 hingegen war der Liman schon in den ersten Tagen des Mai frei vom Eise, das nur noch am Strande und in einigen Buchten auf den Sandbänken sich bis medio Juni hielt.

Leuchtthurm. Auf einer kleinen Insel oberhalb der Stadt $1^1/_2$ Werst gegen SW, ist der Constantinowsche Leuchthurm gebaut; es ist ein viereckiger Thurm von Holz, $29^1/_2$ Fuss hoch, weiss gestrichen und mit einer grauen Laterne; das weisse feste Feuer, mit einer Höhe von 40 Fuss über dem Meeresspiegel, erleuchtet den Horizont auf 7,3 Meilen, und dient sowohl den von Oben als auch den aus der See kommenden Schiffen als Richtungszeichen.

Vorherrschende Winde. Im Frühjahre und Sommer hauptsächlich O und S mit Nebel und Regen; im Herbste N und NW; im Winter beständig W; übrigens herrschen im Winter zuweilen auch anhaltende NO Winde, die dann immer von starkem Schneegestöber begleitet sind. Durch die herrschenden Winde hat Nicolajewsk im Winter und Herbste trockenes, klares Wetter, im Sommer Regen und Nebel; diese Nebel, aufgehalten durch Wälder, Moore und Sümpfe, sind auch die Ursache fürchterlicher Kälte; im December erreicht sie zuweilen 40°, immer bei stillem Wetter, während im Juli die grösste Wärme nur 23° Réaum. beträgt.

Südliches Fahrwasser. Von De-Castries nach Nicolajewsk. Schiffe, die von De-Castries nach Nicolajewsk segeln, thun am Besten, wenn sie De-Castries in der letzten Ebbstunde verlassen, und müssen von der Parallele des Cap d'Assy, in einer Entfernung von $^1/_2$ Werst oder $2^1/_2$ Kabellängen, NO $^1/_2$ O zur Parallele der Caps Sustschow und Tschichatchow steuern und treffen bei der Parallele von Cap Tschichatchow mitten im Fahrwasser eine Sandbank, 4 Faden tief (*). Nachdem man die Bank von 4 Faden passirt hat, findet man 5—7 Faden Tiefe, so lange man Cap Catharina N $1/2$ O hat; östlicher kommt man schnell in 8—9 und sogar 10 Faden; in diesem Falle wendet man sich lieber westlicher. Sobald man Cap Catharina NtO$1/4$O hat, muss man NtO$1/2$O steuern und bis zur Parallele dieses Caps halten, dabei sich in Acht nehmend, dass man von der Strömung, die bei der Fluth von SW kommt, nicht rechts zum Sachalinschen Riff abgetrieben wird (**). Das Aufkreuzen ist Fremden nicht zu rathen, und besser bei contrairem Winde gleich vor Anker zu gehen. Beim Laviren muss man sich Sachalin nicht näher, als auf 10 Faden

---

(*) Siehe Anmerkung Pag. 99. 100.

(**) Man muss darauf achten, dass man durch hohe See oder Wellenschlag, der im Sommer besonders bei S Winden ziemlich stark ist, nicht links abgetrieben wird zur grossen gefährlichen Sandbank, die von den Glasenap Inseln nach S, beinah bis zur Parallele des Cap Tchichatschow läuft. Oestlich wird diese Sandbank begrenzt durch die Richtungslinie der Caps Catarina und Newelskoy.

Tiefe nähern und stets klar zum Wenden sein; bei 6 Faden muss man schon rasch wenden, da man sonst leicht auf die Bank rennt. Wie überhaupt in fremden Gewässern, so ist auch hier das Loth fortwährend zu gebrauchen. Vor den Glasenap Inseln führt derselbe Cours über eine andere Bank mit 4 Faden Wasser. Indem man diese Inseln rechts passirt und das Cap Catarina links in $^3|_4$ Meile lässt, muss man etwas rechts vom Cap Murawjeff NNO steuern. Bei diesem Course bleibt Cap Newelskoy links; bei Cap Newelskoy drängt die Fluthströmung stark nach NW—WNW, weil das Wasser natürlichen Platz in der weiten Bucht nach W findet; das nach Cap Murawjeff aufliegende Schiff wird dadurch leicht versetzt zur Newelskoy Bank; um sicher die 1 Meile in NOtN von demselben liegende 5 Fuss tiefe Bank (*) „Newelskoy" zu passiren, bei der ein

(*) Admiral Kusnezoff berichtet, dass 1858 vom Cap Newelskoy gegen NO 38° in 2—3 Meilen eine 12 Fuss tiefe Bank lag; der Steuermann Klykoff aber sagt, dass 1862 u. 63 vom Cap Newelskoy in $2^1/_2$ Meilen gegen

Merkzeichen mit weisser Flagge und rothem Vierecke steht. Da solche Merkzeichen durch die Strömung und Fluth ganz zum Wasser gebückt werden, so wird an dieser gefährlichen Bank eine Tonne gesetzt, und an ihrem N Ende — eine kleine weisse Flagge und muss man sobald das Cap passirt ist etwas östlicher, d. h. NNO$^1|_4$O oder NNO$^1|_2$O halten und nachdem man bei der Bank vorbei ist, wieder NNO bis Cap Murawjeff steuern und sich demselben nicht mehr als auf 1 Werst nähern. Der beste Cours ist, wenn man Catarina immer gut offen von Newelskoy hält, in 7—8 Faden Wasser; dadurch hütet man sich auch vor einer 9 Fuss tiefen Sandspitze, wenn man Cap Uanda oder

---

NNO eine Bank mit 2—3 Fuss Wasser existirte, bei der ein Merkzeichen stand. Wahrscheinlich ist dieses dieselbe Bank mit 5 Fuss. Da genauere Notizen fehlen, so muss man sehr vorsichtig beim Ansegeln dieser Gegend sein. Es wird auch von Privatnachrichten bestätigt, dass nur die Bank mit 5 Fuss Wasser besteht und daher von Kuznezoff die mit 12 Fuss Wasser irrthümlich angegeben ist. Bei niedrigem Wasser ist die Newelskoy Bank trocken.

Uangi auf Sachalin in O und Cap Murawjeff NtO hat; dicht bei dieser Bank sind 9—10 Faden Tiefe.

Alsdann muss man auf den Sandeinsturz des Cap Pogobi (auf Sachalin) den Cours NOtN$^{1}/_{4}$O halten bis zur Parallele des Cap Sredny, welches links liegt(*). Auf diese Art passirt man rechts die 4 Fuss tiefe Bank Murawjeff, die zu der Sandbank stösst, welche vom Festlande auf $1^{1}/_{4}$ Meile zwischen den Caps Murawjeff und Sredny liegt und von der Ost-Seite durch drei weisse Flaggen mit rothen Vierecken bezeichnet ist. Wenn links, hinter dem Cap Lasareff die daran stossende kleine Insel Ogby ganz hervortritt, muss man, dieselben immer auseinander haltend, gerade auf die Insel steuern, ohne dass eins hinter das andere geräth(**). Wenn diese Insel rechts passirt ist, d. h. wenn sie $^{3}/_{4}$ Kabellänge südlich geblieben ist, muss man zuerst NWtN steuern, um eine flache Stelle, die sich westlich von

(*) Siehe Pag. 99. 100.

(**) Desgleichen.

Ogby zieht und mit einer weissen Boy (Tonne) bezeichnet ist, rechts zu passiren; sobald dieses geschehen ist, muss man NW steuern, das Thal auf dem Festlande (beim Flusse Tymi) welches die Form eines Sattels hat, in einer Linie mit der Mitte bei den Tschome Inseln haltend (*). Dabei ist zu bemerken, dass die Tiefe zur linken Seite, oder zum Festlande nur allmälig abnimmt, daher also weniger gefährlich ist. Der Cours dieser Richtungslinie führt zur schwarzen Wendeboy mit einer perpendiculair weiss und roth gestreiften Flagge; diese Boy steht in der Mitte des Fahrwassers, nordöstlich vom Sandberge des Cap Uchtomsky. Nachdem die schwarze Boy passirt ist, steuert man NtO$^{1}|_{4}$O, d. h. rechts oder östlich von den Hagemiff Inseln, wobei die zwei weissen Flaggen mit rothen Vierecken, welche die westliche Untiefe bezeichnen, links bleiben; diesen Cours hält man bis zur Parallele der grössten dieser Inseln, deren Sandbank gleichfalls durch eine weisse Flagge mit rothem Viereck bezeichnet

(*) Siehe Pag. 99. 100.

ist(*). Wenn diese Flagge passirt ist, steuert man N, bis die nordwestlichste der Hagemiff Inseln, mit dem Cap Uarky, (welches links auf dem Festlande liegt), übereins ist, oder bis Cap Dschaore NW 38⁰ zu sehen ist; dann gelangt man zu einer schwarzen Boy mit einer perpendiculair weiss und roth gestreiften Flagge. Von dieser Boy, die rechts bleibt, steuert man NWtN$^{1}|_{4}$W bis zum hohen und tiefen Cap Dschaore(**). Sobald dieses Cap in $^{1}|_{2}$ Meile passirt ist, steuert man N$^{1}|_{2}$W, auf die Mitte der Spitze des Caps Pronge, das als Insel erscheint, in der Mitte des Fahrwassers gehend, bis zur schwarzen Boy, gegenüber dem Cap Ussi. Ungefähr in SO von Ussi, gegen 2$^{1}|_{2}$ Meile von Dschaore befindet sich ein 10—11 Fuss tiefer Fleck, der noch nicht untersucht ist und vielleicht das Wrack des „Orus" bildet, hieher geschwemmt von der N Seite von Ussi. Auf diesem Course muss man sich längs der vom Festlande gehenden Sandbank halten, die

(*) Siehe Pag. 100.

(**) Desgleichen.

durch 3 Stangen mit weissen Flaggen und rothen Quadraten bezeichnet ist.

Da hier eine bedeutende Barre beginnt, die bis Cap Pronge dauert und ein schmales seichtes Fahrwasser hat, so ist auf dem Cap Ussi ein Telegraph errichtet, um die Passage zu erleichtern, indem er den Wasserstand auf der Barre und ob das Wasser steigt oder fällt, anzeigt; ausserdem sind an den Ufern Richtungszeichen aufgestellt. (*)

Daher muss man vom Cap Dschaore an nach den folgenden Zeichen steuern:(**)

A. Die *Klein Dschaoreschen* Zeichen, zwei dreieckige weiss und roth gestrichene Zeichen in NW und SO 10° von einander auf Cap Dschaore gebaut, laut Circulaire des Hydro-

(*) Laut neuesten Nachrichten ist der Telegraph abgestellt.

(**) Am Besten bediene man sich dabei des 1864 vom Hydrographischen Departemente ausgegebenen Atlasses der Amur-Mündung, der auf 4 Blättern im grossen Maassstabe das Fahrwasser und die Richtungslinien sehr genau angiebt. In Ermangelung des Atlasses kann man sich auch mit der Karte des Amur-Limans behelfen, der die angeheftete Federzeichnung entnommen ist.

graphischen Departements vom 6. Februar 1866. (Durch den oben erwähnten Fleck mit 10—11 Fuss Wasser darf man jetzt nicht in der Richtung dieser Zeichen, sondern muss sich östlich von dieser Linie halten und nach der grösseren von zwei kleinen Erhöhungen richten, die sich auf dem Bergkamme jenseits Pronge auszeichnen; näher zu Ussi kann man sich nach und nach der kleineren der beiden Erhöhungen zuwenden, bis zur grossen Tonne die den Anfang der Richtung der folgenden „Einfahrtszeichen" bezeichnet.) (*)

B. Die *Einfahrtszeichen*, beim Dorfe Lallo, in der Bucht zwischen Cap Pronge und Cap Ussi in NNW$^1|_2$W.

C. Die *Sabachschen* Zeichen, circa 4 Werst vom Cap Ussi (hintere Linie) in NtO$^1|_2$O.

D. Die *Ujusutschen* Zeichen, NNW-lich von der Insel Ujusut auf dem Festlande, in NNW$^1|_4$W.

E. Die *Kurzen* Zeichen *(Korotky)*, auf der südlichen Seite der Landzunge des Cap

(*) Diese Bemerkung beruht auf einer Privatmittheilung.

Pronge in NtO$^{3}|_{4}$O; da, wo diese Linie sich mit der der Ujusutschen Zeichen begegnet, steht eine weisse Flagge mit rothem Quadrate.

F. Die *Gross-Prongischen* Zeichen. *(Bolschoi Prongsky)* (hintere Linie) beim Dorfe Pronge in NOtO$^{3}|_{4}$O; da, wo diese Linie die der Klein Prongischen begegnet, liegt eine rothe Boy nebst rother Flagge.

G. Die *Klein-Prongischen* Zeichen, *(Maly Prongsky)* (vordere und hintere Linie), auf dem Cap Pronge SO und NW 34$^{1}|_{2}$^{0}.

H. Die *Naleschen* Zeichen, auf Cap Nale in WNW$^{1}|_{4}$W.

I. Die *Lontangaschen* Zeichen, auf der nördlichen Seite der Landzunge des Cap Pronge in NWtN$^{1}|_{2}$W.

K. Die *Tschchilschen* Zeichen, bei dem Cap Tschchil auf dem linken Ufer des Amur in N$^{3}|_{4}$W.

L. Die *Wasseschen* Zeichen, auf einer Anhöhe des Tschnyrrachschen Caps ebenfalls auf dem linken Ufer in NWtN$^{1}|_{2}$W.

M. Die *Meoschen* Zeichen, etwas südlich

vom Cap Meo auf dem rechten Ufer in NWtW${}^{1}|_{4}$W.

N. Die *Tschnyrrachschen* Zeichen (Vordere und hintere Linie); die vorderen Zeichen stehen in NNW${}^{3}|_{4}$W etwas links vom Cap Tschnyrrach auf dem linken, die hinteren beim Cap Wasse auf dem rechten Ufer in SSO${}^{3}|_{4}$O.

O. Die *Patchschen* Zeichen (hintere Linie), auf dem linken Ufer an der Mündung des Flüsschens Patch, in WtN${}^{1}|_{2}$W.

Nachdem man vermittelst der *Klein-Dschaoreschen* Zeichen zu der Ussischen schwarzen Boy gelangt ist, steuert man auf der Linie der Eingangszeichen ca. 6 Werst NNW${}^{1}|_{2}$W., bis man, bei einer weissen Flagge mit rothem Quadrate auf die Sabachsche Linie (hinten) übergehend und ca. 3 Werst NtO${}^{1}|_{2}$O steuernd, auf der Parallele der Insel Ujusut auf die Ujusutsche Linie übergeht. NNW${}^{1}|_{4}$W ca. 1${}^{1}|_{2}$ Werst steuernd, trifft man auf dem Schneidepunkte der Linie der Kurzen Zeichen eine weisse Flagge mit rothem Quadrate, von wo an circa 1 Werst NtO$^{3}|_{4}$O angelegt werden muss, bis man auf der hinteren Linie der Gross-Prongischen Zeichen NOtO$^{3}|_{4}$O steuernd, ca. $3^{1}|_{2}$ Werst, zu einer rothen Boy nebst rother Flagge mit weissem Quadrate gelangt, die, SO vom Cap Pronge liegend, auf der Stelle, wo die Linie der Klein-Prongischen Zeichen sich mit der der Gross-Prongischen schneidet, zugleich die ca. 1 Werst vom Cap Pronge auslaufende Sandbank bezeichnend, an deren Ende im Meridiane dieses Caps noch eine weisse Flagge mit rothem Quadrate steht. Dicht an dem nördlichen Ufer längs der Landzunge des Cap Pronge ist ein kleiner, jedoch tiefer und gegen alle Winde geschützter Canal, bei 4 Faden Wasser und gutem Boden einen bequemen Ankerplatz darbietend, besonders wenn man hier Brennholz nehmen will.

Von der obigen rothen Boy an muss man, um das Cap Pronge und die Bank zu passiren, etwas rechts NNW steuern und die weisse Boy so wie die darauf folgende weisse Flagge mit rothem Quadrate links lassen, von wo man eine kleine Strecke auf das Cap Meo steuern muss, sich näher zu der darauf folgenden links liegenden weissen Boy haltend. Von dieser gelangt man, circa 2 Werst NWtN$^{1}|_{4}$W steuernd, auf die Linie der Klein-Prongischen Zeichen (jetzt hinten), bis man auf die WNW$^{1}|_{4}$W ca. 6 Werst laufende Linie der Naleschen Zeichen gelangt und dieselbe hält, bis man auf den Travers des, durch einen daran liegenden grossen Stein leicht zu erkennenden, Cap Lotanges auf die 6 Werst lange Linie der Lotangaschen Zeichen (hinten) übergeht, auf welcher man, Cap Nale links lassend, auf dem Travers dieses Caps auf die Linie der Tschchilschen Zeichen übergeht. Diese führt in N$^{3}|_{4}$W ca. 6$^{1}|_{2}$ Werst, etwas näher zum linken Ufer, auf die Linie der Wasseschen Zeichen, welche, ca. 5$^{1}|_{2}$ Werst NWtN$^{1}|_{4}$W laufend, die der Meoschen Zeichen trifft und auf der man dann, ca. 5 Werst NWtW$^{1}|_{4}$W steuernd, das links bleibende Cap Wasse, sowie auch in ca. 100 Faden die Untiefe des linken Ufers passirt und auf die ca. 9 Werst lange Linie des

Tschnyrrachschen Zeichen kommt, das Cap Tschnyrrach circa 130 Faden rechts lassend und bei dem, ebenfalls rechts auf dem linken Amurufer liegenden Dörfchen, an der Mündung des Flusses Patch, auf die Linie der Patch-schen Zeichen (hinten) übergehen muss. Auf dieser passirt man die links liegende Meosche Bank in $^{3}/_{4}$ Kabellänge und wird dann zur rechten Hand, vorne, den in der Constanti-nowschen Batterie befindlichen Leuchtthurm haben.

Sobald man die Pfähle rechts gelassen hat, die zum Wintern der Schiffe eingerammt sind, sowohl die neuen, wie die östlicheren oder die alten, ankert man, bevor die Batterie erreicht ist, bei einer Tiefe von 7—10 Faden, d. h. auf der Rhede von Nicolajewsk.

Auf der ganzen Fahrt, besonders von Cap Sustschoff bis Cap Ussi, muss man ganz beson-ders auf die Strömung achten, deren Richtung und Stärke so veränderlich ist, dass man alle obengenannten Course gar nicht nach dem Kompasse steuern kann, und daher aus Vorsicht immer das Senkblei gebrauchen muss; ausserdem muss man, fremd mit der Oertlichkeit, immer ein Boot vor sich haben welches das Fahrwasser sondirt*); auch ist es nothwendig, dass ein Warpanker Achter, so wie der Tägliche Anker immer klar sind. Beim Segeln von Ussi bis Nicolajewsk muss man nicht nur nach dieser Anleitung gehen, sondern auch auf die Karte sehen, wo die Richtungszeichen alle angemerkt sind.

Längs dem ganzen Fahrwasser, von De-Castries bis Nicolajewsk ist ein guter Lehmboden, daher man, von Cap Sustschow an, überall einen guten Ankerplatz findet.

---

*) Beim Absenden eines Bootes, wohin es auch wäre, muss es durchaus einen kleinen Anker oder Dräg, Segel, Kompass, Feuerzeug, Flinte, Beil und Provision auf einige Tage mitnehmen, da es sich oft trifft, nicht nur bei starkem Wind, Nebel oder Strömung, sondern auch unter guten Umständen, dass sich der Wind wieder plötzlich erhebt, mit zunehmender Strömung und neuem Nebel, und es dem besten Boote dann unmöglich wird, sein Schiff zu erreichen; dasselbe muss dann Vordewind dem Ufer zusteuern und dort günstigere Umstände abwarten.

Fahrzeuge die aus Nicolajewsk nach De-Castries segeln, müssen sich nach derselben Anleitung richten, die Richtungslinien, Flaggen und Boyen in umgekehrter Ordnung haltend.

Schiffe, die nach Due wollen, müssen von der Barre auf der Parallele zwischen den Caps Tschichatschow und Sustschow SSO$^{1}|_{2}$O steuern und kommen so gerade zum Posten. Die Distanz mit diesem Course ist 61 Meilen.

Warnung. Die Tiefe der Barre etwas südlich von Tschichatschow ist sehr ungleich, so dass man, wenn man nicht das richtige Fahrwasser trifft, auch 17 und 18 Fuss findet; der Boden ist hart: Sand und Lehm. Bei der Annäherung zur Barre trifft man öfters einen Streifen trüben Wassers, quer über der Tatarstrasse, die Nähe der Barre anzeigend, so wie auch einen unregelmässigen Wellenschlag, hervorgebracht durch die beiden Strömungen und den Wellenschaum.

Wenn Cap Murawjeff passirt ist und man nach Cap Pogobi steuert, darf man nicht länger links gehen, als bis das westliche Ende der kahlen Insel Popow mit dem Cap Murawjeff übereins ist.

Beim Stein Ogby trifft man oft einen grösseren unregelmässigen Wellenschlag, der auch wie eine Brandung auf einer Saudbank aussieht. Von Ogby in 100 Faden nach NO befindet sich eine 12 Fuss tiefe Bank. Sie bildet eine ganz steile Spitze mit $3^1|_2$—$4^1|_2$ Faden rings herum und ist selbst wahrscheinlich Stein.

Wenn man vom Cap Lasareff auf der Richtungslinie der Tschome Inseln und deren Niederung nach den Hagemiff Inseln segelt, muss man bei der Insel Tschakmut den Cours ändern, sobald die nördlichen und nordöstlichen der Hagemiff Inseln durch die grosse Insel verdeckt werden und die Distanz zwischen deren östlichem Ende und den südlichen Inseln der Gruppe gleich ist, indem man zugleich den Sandberg auf Cap Uchtomsky in SWtS$^3|_4$W hat.

Auf der Parallele der nordöstlichsten der Hagemiff Inseln liegt eine Sandbank mit 12 Fuss Wasser, während man um derselben herum 23 und 24 Fuss findet; von dieser Bank ist die NO Spitze der nördlichsten der Hagemiff Inseln im WNW$\frac{1}{4}$W, und die südöstlichste Insel derselben Gruppe in SW$\frac{1}{2}$W gepeilt.

Nördlich von derselben Gruppe, 3$\frac{1}{2}$ Meilen N von der Mitte der nordöstlichsten Insel und in 6$\frac{1}{2}$ Meilen von Cap Dschaore liegt eine 10 Fuss tiefe Bank.

Vom Cap Dschaore, annähernd gegen SO 10^0 in einer Meile Entfernung, liegt unter dem Wasser ein ganz kleiner Stein, den man schwer finden kann; er ist jedoch gefährlich, da er grade im Fahrwasser liegt.

Ebbe und Fluth. Die **Fluth** geht aus der Tatarstrasse längs dem Festlande von SW nach NO, mit einer Schnelligkeit von 2 Meilen; Nach De-Castries Bay setzt die Fluth von SO ein, von Klosterkamp nach der Basalt-Insel; von hier bis unterhalb Murawjeff von SSO nach NNW; die Ebbe zieht umgekehrt, mit Ausnahme oberhalb Newelskoy, wo ein starker Strom im Norden der Bank, hinter diese westlich und bei Newelskoy wieder herauszieht. Gegen Sachalin südlich vom Cap Pogoby anstossend, geht sie bis Cap Lasareff in der Richtung NW und N in den Amur Liman mit einer Schnelligkeit von $3^1|_2$, 4 und zuweilen 5 Meilen. Weiterhin geht die Hauptströmung längs dem Fahrwasser, allmälig nachlassend, so dass ihre Schnelligkeit bei den Hagemiff Inseln mit 2—3 Meilen bezeichnet wird. Auf der ganzen Strecke von Süden bis Cap Dschaore tritt die Fluth 2 Mal in 24 Stunden ein. Zwischen den Caps Newelskoy und Murawjeff ist die Fluth am Morgen höher als am Abende; nachdem das Wasser die grösste Höhe erreicht hat, hält es sich gegen eine Stunde und fällt darauf sehr rasch. Die Höhe der Fluth beträgt 6 Fuss, aber während der Syzygie wahrscheinlich mehr. Beim Cap Lasareff steht die Fluth auch gegen eine Stunde und neigt sich darauf sehr rasch zur Ebbe; die Höhe der Fluth ist 5 Fuss, aber auch bis 9 Fuss ist beobachtet worden. Bei den Tschome Inseln hält sich das hohe Wasser gegen 50

Minuten, mit 4 Fuss Fluth. Bei den Hagemiff Inseln steigt das Wasser um 2—3 Fuss. Weiter vom Cap Dschaore bis Pronge ist die Ebbe und Fluth sehr unregelmässig, und hauptsächlich von dem Winde abhängend; in 24 Stunden erscheint sie zuweilen nur einmal, bei südlichen Winden bis 1 Fuss, bei nördlichen Winden aber bis 3 Fuss steigend; die südliche Strömung hat die Geschwindigkeit von einer Meile. Die **Ebbe** läuft entgegengesetzt der Fluth; jedoch hat man beim Cap Catharina bemerkt, dass die Ebbe-Strömung sich in 3 Wasserströme theilt: eine in der SO Richtung über die Sachalinschen Sandbänke; die andere längs dem Fahrwasser nach StW$^1|_2$W und die dritte nach SW, links von den Glasenap Inseln gegen das Cap Tschichatschoff.

Die Fluth aus dem Ochotskischen Meere kommt in zwei Strömungen in den Amur Liman: die eine geht längs dem Festlande nach SO und nachdem sie die nördliche Rhede erreicht hat, wendet sie sich theils südlich zum nördlichen Fahrwasser, theils zwischen den Sandbänken in der Richtung nach Sachalin; die andere Strömung, von N und NO das Cap Golowatschoff umgehend, begegnet die erstere beim Dorfe Petumbopo und läuft dann weiter, längs Sachalin, mit einer Schnelligkeit von 4 Knoten. Das Steigen der Fluth beträgt 5 Fuss, erreicht aber auch zuweilen 10 Fuss; in der Mitte des Amur Limans hat man aber nicht über 3 Fuss bemerkt. Im nördlichen Fahrwasser, nördlich bei den Inseln Kettmorstos und Langer erscheint die Ebbe und Fluth nur 1 Mal in 24 Stunden, mit einer Höhe von 7 Fuss während der Syzygien, und zur Zeit der Quadraturen wahrscheinlich nur 4—5 Fuss. Bei südlichem Winde beträgt die Strömung $1^1/_2$ Knoten während der Fluth, bei der Ebbe aber $3^1/_2$ Knoten. Die Ebbe hat eine entgegengesetzte Richtung von der Fluth. Nach den Aussagen der Ortseinwohner steigt das Meer beim Cap Puir während der Fluth höchstens $3^1/_2$—4 Fuss.

Im Frühjahre; wenn der Schnee thaut, und im Herbste, nach anhaltenden, starken, nördlichen Winden ist der Wasserstand am höchsten. Die eigentliche Strömung des Amur-Flusses reicht: gegen Süden bis zu den Hagemiff Inseln und etwas weiter, wo sie sich mit der Fluth begegnet und einen unregelmässigen Wellenschlag hervorbringt; gegen Norden reicht die Strömung im Fahrwasser bis zur nördlichen Rhede. Im Fahrwasser hat man, von der Amur-Mündung gegen Süden bis Cap Dschaore, und gegen Norden bis Cap Puir, immer süsses Wasser.

Ankerplätze. In der Einfahrt zum Amur Liman gestattet es die Tiefe, wie erwähnt, überall im Fahrwasser vor Anker zu gehen; von De-Castries an aber sind die besten Stellen: zwischen den Caps Catharina und Newelskoy, näher zum Ufer, bei einer Tiefe von 6 und 5 Faden auf Lehmboden; hier giebt es keinen Wellenschlag, während er im Fahrwasser bei einer Strömung von $4^1|_2$ Knoten noch ziemlich stark ist. Besonders im Herbste empfiehlt man das Ankern unterm Cap Catharina, bei 4 Faden Tiefe, indem man die SO Spitze des Cap in NNO oder NOtN hat.

Im Liman selbst: 1) hinterm Cap Lasareff, nachdem die Insel Ogby passirt ist, bei 5 Faden Tiefe und Lehmboden.

2) Bei der Insel Tschakmut, in 1/2 Meile von derselben gegen NO, bei 6 Faden Tiefe und Lehmboden.

3) Gegenüber dem Cap Dschaore bei 3—3 1/2 Faden Tiefe und Lehmboden.

4) Nördlicher, unterm Sachalinschen Ufer, beim Dorfe Petumbopo, 1 bis 2 Meilen vom Strande, bei 8—10 Faden Tiefe und weichem Lehmboden.

5) Auf der nördlichen Rhede, bei 4 Faden Tiefe und feinem Sandboden. Auf dieser Rhede kann man nur im Sommer vor Anker liegen; im Herbste aber, wenn starke Nordwinde herrschen, ist diese Stelle wegen ihres Bodens nicht sicher, und dann ist es besser beim Dorfe Petumbopo einen Ankerplatz zu wählen.

III.

Notizen über die südlichen Häfen des Amurgebietes.

Erst durch den 1858 mit China abgeschlossenen Vertrag ist die eigentliche Grenze des Amurgebietes näher bestimmt worden und zwar ganz besonders die des südlichen Gebiets:

Die Küstenstrecke vom 42° N B und 130° O L bis zum 46° N B und 140° O L ist zwar auch untersucht, indessen bei Weitem nicht so gründlich wie die im Vorstehenden beschriebene Strecke, aufgenommen. Das Resultat der gemachten Untersuchungen durch speciell dazu abgesandte Officiere oder in den Rapporten der verschiedenen Schiffscommandeure enthaltend, findet sich nirgends gesammelt vor und ist mir daher auch nicht zugänglich, indessen dürfte gerade dieser Theil des Amurgebietes einer schnelleren Entwickelung fähig sein, denn derselbe erfreut sich eines guten Clima's und eines fruchtbaren Bodens. Die Küsten sind reich an schönen Naturhäfen in den vielen Buchten des fischreichen Meeres; das Land, von mehreren Flüssen durchschnitten, ist reich an allen Erfordernissen, um eine grosse Bevölkerung ernähren zu können, denn es giebt fruchtbare Ebenen, grosse Waldungen von Nadel- und Laubholz, wie auch Steinkohlen und Metalle, ja, es wird behauptet, dass auch Goldsand vorhanden und dass man deutliche Spuren gefunden hat, dass die Chinesen den Goldreichthum bereits theilweise ausgebeutet haben*).

Der einzigste Theil dieses Gebietes, welcher bisher für die Handelsschifffahrt einiges Interesse hatte, ist die Bay Peter des Grossen, (auf englischen Karten Victoria Bay) die wiederum in die kleineren Buchten Pasietta Bay mit dem Militairposten Novgorodskoi und Amur wie Usuri-Bay zerfällt, zwischen welchen letz-

*) Ausführliche Beschreibung der Südhäfen vergl. pag. 113 u. f.

teren die Halbinsel Murawjeff Amursky mit dem Militairposten und der Ansiedelung Wladiwostok liegt.

Obschon die vorhandenen guten Seekarten eigentlich eine hinlängliche Anleitung zur Besegelung dieser Gewässer gewähren, ermangele ich doch nicht, einige Notizen über das Einlaufen in Wladiwostok folgen zu lassen, die ich der freundlichen Bereitwilligkeit des Herrn Lieutenants Buratschok verdanke, der mehrere Jahre dort den Posten commandirte.

A) Oestliche Einfahrt zur Bosphor- oder Hammelin-Strasse.

Nachdem man von der Majatschnoi Ostrow d. h. Leuchtthurminsel (Termination Island) die Richtung nach der Bosphor Strasse bestimmt hat, steuert man etwas nördlich von der, die Einfahrt bildende Insel, auf den höchsten Berg der Halbinsel Murawjeff Amursky. Die hohen und tiefen Ufer gestatten sich denselben bis auf 3 à 4 Meilen zu nähern, in welcher Entfernung die Insel sich deutlich von den verschiedenen Vorgebirgen abtheilt. Die Einfahrt ist zwischen der Insel und dem nördlichen Vorgebirge näher zur Insel, indem sich eine Untiefe von 200 Faden nach S von dem Vorgebirge erstreckt. In der Strasse muss man sich in der Mitte halten, denn an der südlichen Seite ist, gegenüber den chinesischen Häusern, eine grosse Sandbank. Nachdem man der ersten, zweiten und dritten Bucht des nördlichen Ufers vorbeigesegelt ist, biegt man in die Einfahrt nach Wladiwostok ein; rechts hat man ein steiles, hohes Vorgebirge, welches man in 100 Faden passiren muss; ferner muss man auch hier die Mitte des Fahrwassers halten, da von beiden Seiten Sandbänke auslaufen.

B) Westliche Einfahrt zur Bosphor-Strasse.

Wenn man nach der Fuhruhjelm Insel und Cap Gamew seine Richtung bestimmt hat, nimmt man seinen Cours östlich um Krasnoi Utes (Red Cliff) bis zur Novik Bay (Dundas), welche an den zwei grossen Steinen (Two Brothers) kenntlich ist. Das nördliche Ufer endet mit einem steilen Cap, welches die Form einer Mütze hat und besonders kenntlich ist durch die Menge der sich dort aufhaltenden Seevögel. Dieses Cap theilt die Bosphor-Strasse von der Novik Bay ab; wenn man mitten in die Strasse segelt, bis die 2 Steine in die Linie des Caps kommen und von demselben verdeckt werden, ist man sicher, dass man alle Riffe passirt hat und kann dann nach der Einfahrt abbiegen.

Strömung. In der Amurstrasse ist häufig eine östliche Strömung von 3 Knoten aus der Amurbay.

Bei **Wladiwostok** ankert man am besten in 8 Faden Tiefe, der Kirche gegenüber, mitten in der Bucht. Ende November bedeckt sich die Bucht bei Wladiwostok zuweilen mit Eis und nach einigen Tagen dann auch die Bosphor-Strasse; verspätete Schiffe können in solchem Falle in die Strelok Bay 42° 55′ N Br 132° 21′ O L einlaufen; Wladiwostok ist aber dennoch in der Regel im März wieder zugänglich. Strelok Bay oder Strasse wird von Vielen als der beste Naturhafen dieser Küste bezeichnet; sie soll nur höchtens 3 Wochen durch Eis geschlossen sein, ist durch die Insel Putjatin geschützt, hat keinen Nebel, dagegen Ueberfluss an Trinkwasser, während Novgorodskoi Bay nebst Posten, auf 42° 39′ N Br und 131° O L, in der Pasietta Bay, während 4 à 5 Monaten vom Eise geschlossen ist, keinen Ueberfluss an Trinkwasser hat und von heftigen NW Winden häufig heimgesucht ist.

IV.

Fernere Notizen über die südlichen Häfen des Amurgebietes.

Meine Hoffnung, dass das hydrographische Departement eine Anleitung zur Befahrung der südlichen Häfen herausgeben würde, hat sich bis jetzt leider noch nicht verwirklicht. Bei der grossen Wichtigkeit dieser Häfen, namentlich bei der Anlage eines unterseeischen Telegraphen von Japan und China und der beabsichtigten Verlegung des Admiralitäts-Etablissements aus Nicolajewsk, dahin, betrachte ich es als einen glücklichen Zufall, dass es mir durch die Gefälligkeit des Lieutenant M. Klykow gelang, die nachstehende Beschreibung zu bekommen. Derselbe hat sie mir als die Frucht seiner Erfahrung während der Jahre 1859, 1863, 1865 und 1866 gegeben, und dürften daher wohl einen gewissen Werth beanspruchen können.

Bay Peter des Grossen. Der zwischen den 42° 10′ und 43° 20′ N B und 130° 30′ bis 135° 5′ O L liegende Theil der Japanesischen See, wird auf russischen Karten Bay Peter des Grossen genannt. Das felsige, durchgehend tiefe Ufer bildet eine Menge Buchten und herrliche Naturhäfen, die in folgender Ordnung von Ost nach West liegen: a) Bay America mit dem Hafen Nachodka und der Bucht Wrangel, b) Bay Wostock mit der Bucht Haidamack, c) Strelok-Strasse, auf englischen Karten Port Freemen genannt, mit den Häfen Rasboinik und Abrek, d) Bay Ussuri, auf engl. Karten Hamelin-Strasse, mit der Bay „das goldene Horn“ (Port May) und den Buchten — Ulis, Diomid (Patrokles, Paris und Ajax, f) Bay Amurskaja (Gulf of Guerin) mit den Buchten: Pesschanaja (d. h. die Sandige), Slavjänskaja (Port Bruce) — Babkin, Woewod und der Bay Novik (Port Deans Dondas), g) Bucht Hamow und Troitzi (d. h. der

Dreieinigkeit) und h) Bay Posietta (Capricious Bay) mit den Buchten Novgorodskaja (Port Louis) Expedition (Napoleon Road) und Kaleva.

Die Ufer der Bay Peter des Grossen bestehen aus Lehm, Sandstein-Conglomerat und stellenweise Granit; sie sind, bis auf wenige Ausnahmen, mit fast bis an das Wasser reichenden Hügeln von verschiedener Höhe besetzt, die entweder mit Gras allein oder auch mit undichtem Walde bedeckt sind; unmittelbar hinter diesen Hügeln erheben sich Gebirgsketten bis 2 und 3000 Fuss über der Meeresfläche, die höchste Spitze liegt westlich von Slavjanskaja und nördlich von Wostock Bay. Die Bay Peter des Grossen wird in der Mitte und in der Richtung von NO nach SW durch die Halbinsel Murawjew Amurski (Prince Albert) und einer Inselgruppe (Eugenie Archipelage) in zwei Hälften getheilt. Sowohl die Halbinsel als die Insel, haben denselben Charakter wie die Ufer des Festlandes, nur mit dem Unterschiede, dass jene fast überall mit dichtem Walde bestanden sind, während jene fast überall unbewaldet sind, mit

Ausnahme in den Thälern der Gebirgshöhen, die auch mit Gestrüpp bewachsen sind. Nach der allgemeinen Meinung sind die im Frühjahre und Herbste auf dem Japanischen Meere herrschenden Nebel Schuld an dem so schwachen Baumwuchse.

Von den, in die Bay Peter des Grossen mündenden Flüssen sind die bemerkenswerthesten: 1) Fluss Sutschan (Lion River) in der NO Ecke der America Bay mündend, hat auf der Barre 3 Fuss und ist auf 6 bis 7 Werst fahrbar für Böte. Die Thäler sind ziemlich dicht bevölkert von Mansas und anderen Auswanderern, die Einfahrt in den Fluss aus der America Bay liegt hart an dem linken, bergigen Ufer, am Fusse der wie bemerkbaren, kegelförmigen Picks „Klykow“ genannt; der Fluss friert auf zwei Werst von der Mündung fast nie zu, weiter dagegen ist er gewöhnlich von medio November bis medio März zugefroren. Vom niedrigen und sumpfigen rechten Ufer des Sutschan läuft in SW Richtung eine 2—3 Kabelängen lange Untiefe, auf der bei

Seewind eine starke Brandung steht; diese Untiefe ist auf den jetzigen Karten nicht angegeben. Der Sutschan-Fluss ist daher wichtig, weil längs ihm, über das nicht sehr hohe Gebirge, der nächste Weg von der Bay Peter des Grossen nach dem Amur-Bassin führt, nämlich von der Station Busse auf dem Flusse Daubicki nach dem Ussuri-Flusse.

Die waldigen Thäler des Sutschan-Flusses haben im Vergleich zur Nachbarschaft ein günstiges Clima, so dass hier ausgezeichnete Arbusen (Wassermelonen) auf freiem Felde wachsen. Der Fuss- und Reitweg von den Thälern des Sutschan nach Wladiwostock geht nördlich über das Gebirge bei der Bucht Wostock längs den Flüssen Maiché und Zimuché und über das obere Ende der Halbinsel Murawjew Amurski, am westlichen Ufer desselben, und wird, je nach der Witterung, in 4—6 Tagen zurückgelegt.

2) Der Suifun-Fluss hat eine Barre mit höchstens 3—4 Fuss Wasser und mündet in die nordwestlichste Ecke der Amurbay. An der linken, bergigen Mündung liegt der Militair-

Posten und die Poststation, wo man des Sommers ein Postboot und des Winters 3 bis 4 Pferde findet. Das Wasser des Suifun ist trübe und zur Zeit der Fluth salzig bis auf 2 Werst von der Mündung; der Fluss ist $4^1/_2$ Werst breit bei der Mündung. Der anno 1861 vom Lieutenant Kuprianow aufgenommene Plan giebt den am linken Ufer belegenen Berg etwas zu westlich liegend an. Der Suifun ist zwar nicht schiffbar, ausser wenn er gelegentlich nach starkem Regen 5 bis 6 Fuss über seine natürliche Höhe steigt, er hat aber eine Bedeutung als der leichteste Weg längs den Thälern, von Wladiwostock nach dem Ufer des Chanka-Sees, namentlich noch am Posten Kamen Rybolow (Fischfang-Felsen), von wo aus über den See und auf den Flüssen Sungatscha und Usuri seit 1863 eine Dampfschiffverbindung mit dem Amurflusse besteht. Des Winters geht die Verbindung um das nördliche Ufer des Chanka-Sees, über das Dorf Turi Rog. Der Sungatscha-Fluss friert gänzlich zu von Mitte November bis April, und kann des Winters ohne Gefahr befahren werden.

auf dem Eise. Die Einfahrt für Boote liegt, von der Amurbay kommend, nahe der kleinen Insel Retschnaja und dann dicht an dem linken Vorgebirge bei der Mündung. Auf der S und S W Seite dieser Vorgebirge liegen Steine über dem Wasser. Am Ufer der Bay sowohl westlich als östlich von der Mündung des Suifuns, sind Steinkohlen-Lager, die jedoch noch nicht gründlich untersucht sind. Die in den Schluchten gefundenen Kohlen, besonders gen Osten, waren nur von geringer Güte. Längs den Thälern des Suifun sind russische Ansiedelungen, 1869 waren 280 Mann angesiedelt, die Ansiedelungen der Mansas (Chinesen) sind jetzt unbedeutend, es sind indessen Anzeichen, dass sie früher zahlreicher gewesen. Das Bett einer der Nebenflüsse des Suifun, namentlich der Malago Suifun (wahrscheinlich der kleine Suifun) ist goldhaltig und 1865 haben bis 2000 Mann Chinesen hier Gold gewaschen.

3) Der Tjumen-Fluss, richtiger Tjumen Ula, bildet an seinem unteren Lauf die Grenze zwischen Russland und Korea, weiter oben die

Grenze zwischen Korea und der Chinesischen Mandschurei. An diesem Flusse liegt die Koreasche Stadt Bjän bjän dschi Tschen, wo Mitte Februars ein grosser Jahrmarkt abgehalten wird, der auch von den der Posietta-Bay am nächsten gelegenen chinesischen Städten Chun Tschun besucht wird, und von wo der Weg nach den grossen Mandschurischen Städten Ningut, Girin und Mukden geht. Russen werden nicht zum Koreaschen Jahrmarkte zugelassen, 1866 kostete eine Kuh oder ein Ochse auf dem Markte von 7 bis 12 Silberrubel und wurde an Russen wieder für 12 bis 20 Rubel verkauft; zu anderen Zeiten kostet ein Ochse 25 bis 30 und eine Koreische Kuh 16 Rubel, Mandschurische Pferde kosten immer 40 bis 50 Rubel. Der Tjumen-Fluss ist auf einer bedeutenden Strecke aufwärts vom Lieutenant Gregorjew untersucht, und 1861 hat das Hydrographische Departement darnach eine Karte angefertigt. Ausserdem fallen noch 6 kleinere Flüsse in die Bay Peter des Grossen, nämlich Maiché, Limuché, Mongutschai, Sisimi, Ljutschiché und Santschiché, die fast alle nicht angegeben sind auf den jetzigen Karten. Sie sind alle nur für kleine flache Boote schiffbar, und haben nur für die dort angesiedelten Koreaner und Mansas einige Bedeutung.

Nach den um 1865 und 1866 gemachten Beobachtungen wie nach Aussage der ältesten Bewohner, ist es anzunehmen dass von allen Buchten der Bay Peter des Grossen, die Buchten Wladiwostok, Novik, Diomid Ulis und der nördlichste Theil der Amurbay am längsten mit Eis bedeckt sind, und zwar vom December bis Anfang April. Die Bosphorstrasse war vom Ende December bis Ende März mit Eis bedeckt, der östliche Einlauf wurde Anfang März eisfrei. In der Usuri Bay stand das Eis von Anfang Januar bis Anfang März. Wenn auch das Eis die Bay ganz bis zur Insel Askold bedeckte, so war es doch immer im Treiben, wir glauben daher, dass ein gutes eisernes Schiff im Nothfalle sich bis Cap Basargin immer durchschlagen kann. In der America Bay fror bloss die Nachodka Bay und das nördliche Ende der

Bucht Wrangel zu von Anfang Januar bis zur Mitte März. Der südliche Theil der Slawjanska-Bucht war beinahe eben so lange als Wladiwostok unter Eis, und die Hauptbucht war vom Anfang Januar bis März mit Eis bedeckt. Der südliche Theil des Meeres, von der Insel Scheltuchin an, war den ganzen Winter über eisfrei, und nur längs dem Ufer bildet sich hinter den Inseln Sibirjakowa und Clerk zuweilen ein Eisstreifen von $1/2$ Werst Breite. In den Posietta-, Novgorodskoi- und Expeditions-Buchten hielt sich das Eis in den beiden letzten Wintern vom December bis April, ausgenommen nur in der Mitte der zwischen ihnen gelegenen Bucht mit dem Militairposten, die vom Januar bis März zufror.

Die dem Wellenschlage exponirte Strecke nördlich von der Tscherkasow-Insel, oder von der Einfahrt aus der Novgorod-Bucht nach der Expeditions-Bucht, friert nie auf lange zu, sowie auch die Posietta-Bay, es sind jedoch Jahre gewesen, in denen die Posietta-Bay bis zur Fuhruhjelm-Insel zufror; im Allgemeinen aber kann man annehmen, dass die Strasse auf beiden Seiten der Tscherkasow-Insel, wie die Strasse nördlich davon, das ganze Jahr hindurch befahrbar ist, besonders für Dampfer oder eiserne Schiffe. In den Buchten Expeditie, Novgorodskoi, Wladiwostok sowie in der nördlichen Hälfte der Amur-Bay, ist das Eis so stark, dass man ruhig darauf fahren kann, namentlich von Cap Pestschanoi und Cap Lütke nach Wladiwostok. Im Winter auf 1866 war das Eis auf der mittlern Rhede Wladiwostoks 20 Zoll dick.

Die Strelok-Strasse friert, wie man sagt, selten zu, höchstens bildet sich während 12 bis 16 Tage, wenn es hoch kommt 20 Tage, Eis, welches nie so stark wird, dass man darauf gehen kann. Ueber das Zufrieren der Buchten Wostok-Troizi und Hamow fehlen Nachrichten. Der Chanka-See wurde im Winter auf 1866 zwar im April offen, allein das Eis trieb lange nachher darauf, besonders im nördlichen Ende, wohin es von den im Frühjahre vorherrschenden Südwinden getrieben wird, die ebenfalls die Mündung des Flusses Sungatscha mit angetriebenem Eise schliessen. — Der Ussuri-Fluss ging damals ebenfalls Anfangs April auf.

In klimatischer Beziehung steht diese ganze Gegend, bezüglich ihrer Breite, nicht nur gegen Europa, sondern auch gegen das benachbarte Japan zurück, die beste Jahreszeit ist im Frühjahr: Februar und März, vom halben Juli bis halben September des Sommers.

Winde. Im Winter sind hier wie überall im Japanesischen Meere heftig wehende N W und W N W vorherrschend, denselben gehen gewöhnlich starke O oder N O Winde voraus mit Mist, Regen oder Schnee, wobei das Barometer doch selten einen tiefen Stand einnimmt. Nachdem die O N O und N O Winde geweht haben, hört der Mist auf, die Gebirgshöhen bedecken sich mit Wolken, das Barometer fällt, nach 2 oder 3 Stunden erhebt sich ein starker 3 oder 4 Tage wehender N W, dann folgen einige klare, stille Tage bei einem hohen Barometerstande und äusserst trockener Luft, so trocken, dass gute trockene Möbel platzen. Das Barometer steht während des Winters, vom October bis März, immer hoch, zuweilen bis 30,56. — Schnee fällt selten, so dass die Mansas kein Heu machen, indem das Vieh den ganzen Winter über Grünfutter findet; im Winter auf 1866 fiel nur ein einziges Mal Schnee von 1½ Zoll. Da die starken Winde während des Winters den Schnee von den offenen Feldern nach den Wäldern treiben und die Erde entblössen so frieren Brunnen und Quellen bei der, zuweilen 19 bis 20° Reaumur erreichenden Kälte aus, und bei der Trockenheit der Luft überhaupt kann daraus Wassermangel entstehen für die künftigen Ansiedelungen bei Wladiwostok und Posietta. Nachodka ist in dieser Beziehung günstiger gestellt; die Kälte ist zwar strenger, allein die vom Flusse Sutschan wehenden N O Winde bringen Feuchtigkeit. Die anhaltenden starken N W Winde jagen das Wasser während des Winters von den Ufern der Bay Peter des Grossen ins Meer, und der Wasserstand ist circa 3 Fuss unter dem Sommerstande, Staubwolken werden auf einer beträchtlichen Strecke ins Meer hinausgeführt. Die Winde der östlichen Hälfte des

Compasses wehen zwar auch während des Winters heftig, begleitet von starkem, an den Amurpurgen erinnerndem Schneegestöber, allein das Barometer sinkt im Vergleiche mit seiner örtlichen Stellung, nicht niedrig; im Allgemeinen bemerkt man ein leichtes Fallen desselben gegen jede Mitternacht. Alles dieses im Vereine mit den kurzen, nur 9 Stunden dauernden Tagen macht, dass nur Dampfschiffe von Mitte October bis Mitte Februar Posietta, Nachodka und Strelok befahren können; Segelschiffen ist es passirt, dass sie, nachdem sie eine Reihe N W Stürme im Japanesichen Meere ausgehalten, nahe dem Ziele ihrer Reise haben nach China oder Japan umkehren müssen. Die belebende Wärme der Sonne macht sich während des ganzen Winters geltend, und man sieht nicht selten auf der Südseite der Häuser Tropfen fallen, während das Thermometer im Schatten 6 bis 7° Reaumur zeigt, es ist desshalb zweckmässig, die Häuser am südlichen Abhange der Berge oder sonst vor dem N W geschützt zu bauen; hölzerne Schiffe muss man zum Winterlager immer in der Richtung von Nord nach Süd legen oder sie mit Bretter bedecken. Die letzten Seevögel verlassen die Küste Anfangs December und kehren zum März wieder, zu welcher Zeit sich denn auch Graswuchs einstellt. Im März werden die N W Winde seltener, und schwache Winde aus der östlichen Hälfte des Compasses, wie theilweise aus Süden, werden vorherrschend, begleitet von einem feuchten Nebel. Ende März fängt man im Meere Heringe und beginnt die Felder zu bestellen. Im April ziehen die Mansas längs den Ufern von Posietta bis zur Olga-Bucht, ja selbst bis zum Flusse Taduschi (Refudin) aus, um Seekohl (Seaweed) und Trephangen zu fischen; O und S O Winde mit dickem feuchten Nebel sind dann vorherrschend, das Eis verschwindet überall, allein die alles durchdringende Feuchtigkeit und der dichte Nebel macht das Segeln für Segelschiffe beschwerlich, denn sowohl in diesem wie in den darauf folgenden zwei Monaten senkt sich der Nebel so tief auf die Meeresfläche, dass man, das Ufer suchend, eher den

Anprall der Wellen hört, als das Land sieht; zum Glück erleichtern die überall tiefen Ufer das Segeln. Bei Windstille müssen auch die Dampfer sehr vorsichtig sein, Anno 1865 sah der Schooner Sachalin die Askold-Insel (Termination Irland) bei Stillen und Nebel erst, als er so nahe war, dass er nur durch augenblickliches Baken der Maschine dem Felsen entging. Diese starken, sich tief in's Land hinein erstreckenden Nebel, sind dem Wachsthum sehr hinderlich. Im April, Mai und Juni wehen meist starke Westwinde. Diese Witterung hält bis Ende Juni an, während Juli und August stilles und klares Wetter bei vorherrschenden S und S S W Winden; das Barometer steigt zwar bei diesen Winden, erreicht aber nie den hohen Winterstand; in dieser Jahreszeit trifft man durch den vorherrschenden S Wind im Meere immer eine im Verhältnisse zum schwachen Winde starke Dünung. — In diesen Monaten trifft man nur beim Ufer N W Wind mit Gewitter, Ende August aber beginnt der W und N Wind, häufig von Regen begleitet, vorherrschend zu werden. Während der Sommermonate sind die Nächte, besonders tiefer in den Buchten, still; gewöhnlich weht es Morgens aus SSO, S oder SW, gegen 2 Uhr nehmen sie an Stärke zu und gehen nach SW, zum Abend abstillend, dasselbe bemerkt man auch im Meere, wenn man sich dem Ufer nähert. Der Regen fällt häufig, jedoch mehr des Nachts als am Tage, Gewitter sind häufig, besonders in der Gegend von der Slavjenka-Bucht. Nebel trifft man auch im Sommer, allein er ist dann trocken und legt sich nicht bis auf die Meeresfläche, sondern in Wolken über die hohen Ufer. Die Gewässer der Bay Peter des Grossen sind, besonders in den Buchten, reich an Mollusken (hauptsächlich von der Medusa-Gattung) und in allen Flüssen und Buchten kommen verschiedene Fische periodisch massenhaft vor; man fängt auch Hummer und auf den Riffen Austern. Die Hummer werden bis 5 Fuss lang, Austern haben bis 5 Zoll Diameter über die Schalen. Anfangs September fängt der Herbst an, vorherrschende N-Winde vernichten die

Vegetation und die Nächte werden schon sehr kühl.

In Folge der hohen Gebirge ist diese Gegend zweien, den Ackerbau sehr störenden, Zufälligkeiten ausgesetzt; es trifft sich z. B. im Mai und Juni, dass die Temperatur bei Wind vom Lande plötzlich auf 0° fällt, und dass die nahen Gebirge sich mit Schnee bedecken, eine solche Erscheinung beobachteten wir medio Mai 1866 in der Expeditions-Bucht. Es trifft sich ferner bei anhaltendem, mehrtägigem Regen, dass alle Flüsse und Bäche ihre Ufer übertreten, sich in die Thäler ergiessen, die Felder aufwühlen, Häuser und Brücken vernichten; wir erlebten solches im August 1866 auf der ganzen Strecke von der Olga-Bucht bis zur Posietta-Bay, und in einigen Flüssen stieg das Wasser so urplötzlich, dass es eine Wand von 2 Arschin Höhe bildete. Es ist noch zu bemerken, dass die Japanesischen Orkane, in der Regel bis an das Ufer der Tatarischen Bay, ja zuweilen bis an den Amur-Fluss reichen, wie solches 1863 geschah; damals wurden die stärksten Bäume mit der

Wurzel umgerissen, in allen Buchten strömt das Wasser massenhaft, übertritt die Ufer, alles darauf Befindliche vernichtend. Nach der Beobachtung der Japanesen kehren diese Orkane alle zwei Jahre wieder, und wirklich suchte ein solcher Orkan im August 1865 das Japanesische Meer heim, sich von SSO nach NNW bewegend, wesshalb das westliche Ufer mit unseren Häfen unter der Windseite lagen d. h. auf der gefährlichen Hälfte des Orkans; es ist nicht bekannt, ob der 1861 im Japanesischen Meere wehende Orkan unsere Ufer erreichte, allein 1859 wüthete ein solcher daselbst im August.

Vegetation. An den Ufern der Bay Peter des Grossen wächst: Mais, Hirse, Gerste, Roggen, Weizen, Bohnen, Kartoffeln, Kohl, Salat, Arbusen, Zwiebeln, Rettig, Rüben u. s. w. Der Wein wächst nur wild, ist klein und wird selten reif, ausser in Nochodka. Auf den Inseln, südlich von der Kazakewitsch-Insel, sammelt man im Frühjahre grosse Quantitäten Galläpfel oder wilde Zwiebeln, die man einsalzt zum Winter, als eines der besten antiscorbutischen Mittel. Bei üppigem Graswuchse eignet die Gegend sich für Viehzucht in grösseren Dimensionen, besonders für die Schafzucht. Von wilden Thieren kommen Tiger, Leoparden, Hyänen, Bären, Wölfe nur selten, Füchse, Seeottern, Hasen, Zobel nicht häufig vor. Von Hausvögeln findet man nur Hühner.

Die Bevölkerung ist nur schwach und besteht aus Russen, Mansas und Koreaer. Die Russen sind theils als Dienende, theils als Ansiedler, neuerdings sind auch Finnländer angesiedelt, besonders bei Nochodka, dem Apanagendepartement gehörend. Die Mansas, die Urbewohner des Landes, sind hauptsächlich geflüchtete Chinesen aus dem Innern China's, sie sind ohne Familie, und Weiber trifft man nur bei den angesiedelten Tasen, ein Tungusischer Stamm. Ein grosser Theil der Mansas wohnt am Ufer in Dörfern, die jedoch selten aus mehr als 1, 2, 3, selten 4 Häusern oder Fansas bestehen, sie bauen nur Gemüse, geben den mit mit dem Seekohlfang beschäftigten Leuten Obdach und Wohnung. Der Fang von Seekohl und Trephangen wird von 1000 Menschen auf 500 Böten betrieben, die meistens aus den Mandschurischen Dörfern kommen; bis 1866 ging der Seekohl meist landeinwärts nach dem Innern China's, von dort wird er häufig mit Europäischen Schiffen nach Chefoo verschifft, woselbst er von 1 R. 60 bis 2 R. per Pud bezahlt wird, während er in Wladiwostok um 40 K. per Pud gekauft werden kann. Der bessere Seekohl wird zwischen Nochodka und der Olga Bay gefangen. Seit 1864 haben sich mehrere geflüchtete Korear angesiedelt, ein friedliches arbeitsames Volk, jedoch zum Stehlen geneigt, die nach der Type, Kleidung und Lebensweise mehr den Japanesen als den Chinesen gleichen. Bei einer zunehmenden Bevölkerung haben die Ufer der Bay Peter des Grossen eine grosse Zukunft und Handelsentwickelung, sowohl mit dem Amurbassin auf dem Ussuri als mit Japan und dem nördlichen China; schon im Jahre 1866 wurden bis 300,000 Pud Seekohl, Trephangen, Proben von Hirse, Bohnen, Taback und Teakholz auf Europäischen

Schiffen aus Posietta und Wladiwostok verschifft. Die Häfen der Bay Peter des Grossen sind nicht gleichzeitig entdeckt. Posietta-Bay wurde zuerst und zwar 1852 von den Franzosen entdeckt, 1854 aber vom Admiral Putjati mit der Fregatte Palade besucht Die Strelok-Strasse wurde zuerst 1859 von dem Clipper Strelok besucht, Wostok-Bucht 1861 von dem Clipper Haidamak, der Hafen Nochodka 1859 von dem Dampfer America, die Buchten Hamow und Troizy wurden 1863 von der Expedition Babkins besucht, die Ehre der Entdeckung der übrigen Ufer der Bay Peter des Grossen gebührt den Engländern während des Jahres 1855.

Man hat 3 Karten von der Bay Peter des Grossen, die erste von den Engländern 1855, verdient vollen Glauben, ist aber leider ziemlich unvollständig; die zweite — vom Irkutschen Generalstabe ausgegebene ist zwar vollständiger, enthält aber viele Lücken. Die dritte, die vom Hydrographischen Departement ausgegebene, nach der Expedition Babkins 1862 und 63 entworfene — sie ist unstreitig die vollständigste Karte der Bay, allein sie leidet nicht nur an manchen Lücken, sondern hat auch mehrere Irrthümer, worauf Capitain Klykow, als Frucht eigener Beobachtungen, aufmerksam macht. 1) In der America-Bay entdeckte der Schooner Wostok 1865 einen Stein auf der SW Seite der Lisewoi-Insel (Fuchsinsel) und Nord vom Ufer der Sutschan Mündung ist eine Land-Zunge unter dem Wasser gefunden. 2) Das Ufer zwischen der Wostok- und Strelok-Strasse, so wie rings um Cap Maidel ist in Natura von Scheeren über der Wasserlinie umgeben. 3) Das SW Ende der Askold-Insel ist bergig, circa 100 Fuss hoch, und nicht niedrig. 4) Die Ussuri-Bay ist von der Expedition gar nicht aufgenommen und ganz den englischen Karten entnommen. 5) Die Breite der Bucht Ulis ist am Eingange nur mit 72 Faden angegeben, während sie in der Wirklichkeit 270 Faden ist, wodurch die ganze Ansicht sich wesentlich ändert. 6) Die Einfahrt in das Goldene Horn stimmt nicht mit der Wirklichkeit. 7) Das obere Ende der America-Bay ist ungenügend und nur den englischen Karten entnommen. 8) Die Insel Redcliff ist um 1½ Meilen westlicher als in der Wirklichkeit angelegt und die Untiefe Griden nicht untersucht. 9) Der bemerkenswerthe Felsen am S O Ende der Insel Rimskoi Korsakow ist ausgelassen und der als zwischen dieser und der der Insel Durnow in der Strasse angegebene Felsen existirt nicht; die Insel Delivron, Hildebrandt und Durnow sind unrichtig aufgenommen. 10) Die Hälfte des Ufers zwischen Cap Hamow und der Insel Elliot ist unrichtig angegeben, denn eine Peilung davon ergiebt nicht die richtige Stelle des Schiffes. 11) Das ganze Ufer von Cap Suslow nach Süden bis zum Flusse Tjumen ist auf der Karte um 1⅓ Meile zu östlich angelegt, wodurch die Strasse dazwischen und die Fuhruhjelm-Insel um so viele Meilen verengert ist. 12) Die beiden Ufer der Posietta-Bay sind unrichtig aufgenommen, und im Fahrwasser mitten in der Bay ist 1866 eine 10 Fuss Bank Klykow entdeckt. 13) Die Pläne von der Novgorodskoi und Expeditions-Buchten sind so unrichtig, dass sie gar keinen Glauben verdienen, die Einfahrt ist ganz irrig angegeben; die 3½ Faden Bank, die in N von Tschurkado liegt, ist mit 3 Fuss angegeben und 2 Banken in der Mitte der Bucht Expedition sind gänzlich ausgelassen, so wie auch die am NW-Ufer in der Novgorod-Bucht belegene Halbinsel Krabbe. 14) Von den Haupt-Gebirgshöhen in der Bay Peter des Grossen ist auf der Karte kaum eine angegeben. 15) Auf der Karte sind zu wenig Tiefen angegeben, und da die angegebenen Tiefen ganz nahe am Ufer liegen, so nützen sie in diesem nebligen Gewässer nur sehr wenig. 16) Auf der Karte fehlen ausser den Flüssen Sutschan und Suifon, alle anderen Flüsse, und Bäche, desgleichen sind weder Stationen noch Dörfer noch die Springzeit, noch die Höhe der Fluth, noch die Beschaffenheit des Bodens, noch die Strömung angegeben. Der Posten Novgorodskoi liegt gar auf einer unrichtigen Stelle. Auf den Detail-Plänen sind die Riffe willkürlich angelegt, zuweilen sind 18, 19, 20, ja bis 21 Fuss als Riffe angegeben neben dem Fahrwasser von 3 Faden. 17) Die der Karte beigegebenen Tabellen der astronomischen Beobachtungen verdienen keinen Glauben, man darf nur die angegebenen Breiten und Längen nebst Compassabweichung an den Stellen auf der Karte anlegen, um sich davon zu überzeugen, wie wenig Glauben sie verdienen. Sogar der Maassstab der Detailpläne ist ganz unpraktisch. Ueberhaupt sind alle erwähnte 3 Karten der Bay Peter des Grossen bei Weitem nicht vollständig und eine genauere Aufnahme dieser Bay ist durchaus nöthig; einstweilen müssen die Seefahrer sich damit begnügen, dieselben mit Vorsicht zu benutzen und besonders wenn sie beim Nebel das Land suchen. Periodische Schüsse, von Zeit zu Zeit in Richtung des Landes, ist eine zu empfehlende Vorsicht.

Die erste eigentliche hydrographische Beschreibung der Bay Peter des Grossen ist vom Steuermanne der englischen Flotte May und findet sich im China Pilot unter: Victoria Bay; Coast of Tartari, russische Beschreibungen finden sich nur als Correspondenzartikel vor, und enthalten nur wenig Segelanleitung. Unlängst ist aber eine physische Geographie des Japanesischen Meeres vom russischen Akademiker Dr. Schrenk (auch in deutscher Uebersetzung zu haben) erschienen, die einen anerkannten wissenschaftlichen Werth hat.

Dank des günstigen Charakters der Bay Peter des Grossen, deren Ufer fast überall mit Gebirgen mässiger Höhe besetzt, steil und sehr tief zum Meer abfallen (mit nur wenigen Ausnahmen), sowie auch in Folge der nur sehr schwachen Bewegung des Meeres durch Ebbe und Fluth, ist das Besegeln derselben im Sommer gefahrlos, und man bedarf keiner besondern Anleitung dazu, nur muss man auf die Karte aufmerksam sein und Vorsicht während des Nebels beobachten. Des Winters muss man eine Regel beobachten: nämlich immer das Land im Auge zu behalten, und Nachts womöglich ankern unter den Ufern, weil man bei dem Mangel an Leuchtthürmen des Nachts über kleine Segel machen muss, wobei es sich ereignet hat, dass Schiffe während der langen Nacht weiter abgetrieben sind, als sie während des kurzen Tages wieder haben aufsegeln können. Dampfschiffen, die kurze Touren machen, empfehlen wir solche des Sommers während der Nacht zu machen, weil es dann gewöhnlich still ist. Segler müssen immer ein Werpanker mit einer guten Pertline klar haben, um solches bei Nebel gleich auswerfen zu können, denn bei der grossen Tiefe erfordert das Ankern zu viele Arbeit.

Beschaffenheit des Seebodens. In der westlichen Hälfte der Bay Peter des Grossen findet man Sand mit Schlamm, in dem nördlichen Theile der Amurbay klebrigen Schlamm; in der Mitte der Bay Peter des Grossen, zwischen den Inseln Askold und Werchowskoi Schlamm mit Sand, im östlichen Theile aber, nahe bei Cap Lichatschew, Kies.

Als Ergänzung der jetzigen Karte nach Babkins Beschreibung dient über die Tiefe: 4 Meilen S von Cap Lichatschew fanden wir 30 Faden, 8 Meilen W von Cap Babkin 23 Faden

10 Meilen in SSW davon 37 Faden und 10 Meilen in SO von Cap Gamow oder Hamow 45 Faden. In den Strassen zwischen den Inseln Durnow und Delivron von der einen und der Inselgruppe Rimskoi Korsakow von der andern Seite fanden wir 22 Faden; zwischen den Inseln Antipin und Scheltuchim 29 Faden, zwischen Cap Bruce und der Insel Pachtusow 19 Faden und zwischen den Inseln Askold und Kazakewitsch 27 Faden. Als Abweichung des Compasses kann man für die ganze Bay Peter des Grossen 5^0 W annehmen; eine besondere Abweichung der Magnetnadel ist nirgends bemerkt, ausser zwischen dem Flusse Suifun und der Peschtschanoi-Bucht. — Eintrittszeit der Fluth ist nach Englischen Observationen 2 Uhr 30 Minuten, die Höhe der Fluth nicht über $2^1/_2$ oder 3 Fuss, durchschnittlich 2 Fuss. Ebbe und Fluth erscheint regelmässig.

Beschreibung der Häfen, Buchten, Vorgebirge und Inseln in der Bay Peter des Grossen.

Cap Poworotnoi u. Hafen Nachodka.

Der Hafen Nachodka wird von den Mansas Tui chan schaua genannt, und gilt für den besten Platz für den Fang von Seekohl. Nachodka ist seit 1864 mit einem Militärposten besetzt, seit 1866 ist es an das Apanagendepartement übergegangen, welches dort eine hauptsächlich aus Finnländern bestehende Colonie angelegt hat. Seit der 1862 und 1863 von Babkin gemachten Aufnahme hat der Schooner Fahrwater einen Felsen entdeckt, auf dem bei Seewind eine Brandung steht. Derselbe liegt im S Theile der Bucht, auf der westlichen Seite der Lisewoi-Insel (Fuchsinsel); bis dieser Felsen abgemerkt sein wird, sollte man nicht diese Strasse befahren, ausser allenfalls zur Zeit der Brandung. Nach der Karte Babkins kommt dieser Felsen in W S W vor, dem S Ende der Lisewoi-Insel, dort, wo

$9^1/_4$ Tiefe angegeben ist. Die Höhe der Fluth beträgt im Hafen bis $2^1/_2$ Fuss; es ist bemerkt worden, dass Ebbe und Fluth nicht gleichmässig geht; selbst bei der Fluth hält das Steigen an und das Wasser fällt sogar um 2 bis 3 Zoll, während es später wieder steigt; desgleichen umgekehrt bei der Ebbe; wir schreiben diese Erscheinung der Strömung des Flusses Sutschan zu, die, wie es scheint, längs dem nördlichen Ufer der Amurbay in die innere Tiefe des Hafens Nachodka's sich hinzieht.

Die von der S Seite ganz offene Amurbay gewährt kein sicheres Liegen während des Sommers, allenfalls nur, wenn man sich auf der N und NW Seite der Insel Lisewoi legt; im Nachodka-Hafen kann man aber bei dem egalen 4 bis 5 Faden tiefen, schlammigen Grunde zu jeder Zeit ruhig liegen, nur berücksichtigend, dass Stosswinde von den bergigen Ufern kommen können, wenn es in der See stark stürmt.

Cap Povorotnoi, das östliche Ende der Bay Peter des Grossen bildend, ist ein kahler, 200 F.

hoher Felsen, sich weit in's Meer erstreckend, wird es immer eins der besten Kennzeichen sein für Schiffe, die von Norden nach der Bay Peter des Grossen kommen. Es dürfte nothwendig sein, hier einen Leuchtthurm zu errichten mit einer Glocke, um während des Nebels vor dem $^1/_4$ Meile in S liegenden gefährlichen Steine zu warnen. Auf der Karte nach Babkin's Aufnahme ist Cap Poworotnoi auf unrechter Stelle angegeben, und die kleine Bucht O von Cap Krylow ist mit Tusche bedeckt, wodurch sie leicht von weniger Ortskundigen übersehen werden kann, während sie $1^1/_2$ Meilen lang und tief genug ist, um sicher darin liegen zu können.

Wostok Bay, hat keine Bedeutung für die Schifffahrt und ist daher wenig bekannt; die im südlichen Winkel offene Bucht kann nur während des Winters als eine Rhede benutzt werden, während die im westlichen Ende belegene Haidamackbucht zwar gut geschützt ist, allein so klein, dass höchstens 4 Schiffe liegen können. Die Bay Wostok wie das Ufer südlich bis Americabay besteht aus einer Reihe Hügel von mässiger Höhe, steil abfallend mit einer sich von 20 Faden an auf 6 bis 7 Faden abflachenden Tiefe unter den Caps Lichatschew und Srednei, die nächsten nach der Americabay. Die Ufer sind unbewohnt, das Festland W von der Wostok-Bay bis zur Strelok-Strasse ist sehr hoch und steil, und dehnt sich in gerissenen Felsen als Vorgebirge, die mit unter und über dem Wasser liegenden Steinen auf 10 bis 12 Faden besetzt sind, in das Meer.

Strelok Strasse (Port Freeman). Diese Strasse wird gebildet von der Insel Putjatin, deren Höhe nicht weniger als 1000 Fuss auf dem nördlichen Ende der Insel beträgt, mit Thon- und Kohlenformationen, hat mit seinen besonders am südlichen Ende der Insel sehr tiefen Ufern ein freundliches Ansehen von der Seeseite. Das westliche Ende der Insel hat zwar Ausläufer, die SW mit einer Höhe von 100 Fuss, die NW niedrig, an deren östlicher Seite 5 oder 6 chinesische Häuser stehen, auf der für Ansiedelung günstigen Niederung; ausserdem giebt es noch einige Fansas, besonders am östlichen Ufer der Insel. Der übrige Theil der Strasse ist steinig, ohne Wald — hoch und unfreundlich. In den Bächen sind Anzeichen von Goldsand gefunden; vor 150 Jahren soll hier eine grosse Stadt gestanden haben, allein im Kriege zwischen den Mandschuren und Chinesen ist die ganze Gegend entvölkert. Die Ueberreste der Stadt sind befestigt. Vor Alters hatte die Strelok-Strasse einen bequemen Weg nach dem Ussuri längs dem Flusse Doubich. Erst seit 1868 ist die Strelok-Strasse factisch von den Russen besetzt worden, nach dem Versuche der Chinesen, Gold auf der Insel Askold zu graben; bis dahin wusste man fast nichts von dieser Strasse, die unstreitig einen der besten Häfen bildet, besonders wenn die Aussage der Eingebornen, dass sie nur auf 12 bis 14 Tage zufriert, wahr sein sollte; wir aber glauben, dass sie bei ihrer eingeschlossenen Lage wenigstens auf einen Monat gefroren sein muss. Das NW-Ende ist bei einer Tiefe von 5 bis 10 Faden immerhin zu jeder

Jahreszeit ein guter Ankerpunkt, wenn auch zuweilen von den bis 900 Fuss hohen Piks Josepheda und Michevlewa Stosswinde vorkommen mögen. Für ein Winterlager oder gründliche Reparatur empfehlen wir die in der NW-Ecke der Rhede belegene Bucht Rosboinik mit einer Tiefe von $5^1/_2$ Faden. Was aber die im nördlichen Theile belegene Bucht Abrek betrifft, so glauben wir, dass sie bei SO-Winden starkem Wellenschlage ausgesetzt ist. Nach Aussage der Mansas erstreckt sich der Nebel selten bis zur inneren Rhede, beim Nebel ist das Auslaufen selbst Dampfern gefährlich, denn wenn man sich im Course irren sollte, kann man leicht von Westen kommend auf die um die Capes Delivron und Maidel herumlagernden Steine gerathen. Die Insel Unkowskoi, Jretzkoi und Pjät Palzew sind weiter nichts als einzelnstehende Felsen, wovon der höchste nicht mehr als 70 oder 80 Fuss über dem Wasserspiegel liegt, und da die Tiefe ringsherum und dicht daran bis 20 und 30 Faden beträgt, so bringt selbst das Loth wenig Nutzen.

Die steile, felsige, S von Cap Maidel und SW von der Insel Putjatin belegene Insel Askold liegt 2000 Fuss über dem Meeresspiegel. Diese Insel, die westliche Einfahrt in die Strelok-Strasse deckend, bildet zwischen sich und den angrenzenden Cap Maidel und Insel Putjatin eine 3 Meilen breite Einfahrt, deren geringste Tiefe 16 Faden ist; mitten in dieser Durchfahrt liegt der oben erwähnte Felsen oder Insel Unkowskoi. Da die Askold-Insel ringsherum eine Tiefe von 20 bis 30 Faden hat und die Wellen ringsum herumgehen, so bietet sie an sich keinen Schutz; am SO-Ende ist eine Reihe Steine unter dem Wasser, am NO eine Niederung. Die Insel ist mit Gras bewachsen, in den Thälern findet man Gold; auf den chinesischen Karten heisst sie „Ljefu", die Mansas nennen sie „Zindau", d. h. die Grüne; die Engländer nannten sie Termination. In der ersten Aufnahme der Russen wurde sie Selenaja, d. h. die Grüne, häufiger Majatschnaja genannt, die Expedition Babkins gab ihr den Namen Askold.

Ussuri Bay (Napoleon Gulf) wurde 1855 nur ganz oberflächlich von den Engländern aufgenommen; Babkins Expedition liess sie ganz unberücksichtigt, allein die Ufer sind genau aufgenommen von der Irkutschen Topographen-Abtheilung. Danach fallen am östlichen Ufer zwei bedeutende Flüsse Kahaus und Sidow in die Bay, sie ist von Mansas bewohnt und hat üppige, waldbewachsene Thäler, durch die umliegenden Bergketten gegen den Nebel und Wind geschützt, wird sie als ansiedelungswürdig bezeichnet. Nur am obern Ende der Bucht, wo der Fluss Maiché von NW und Lymuché von NO fliessend einfallen, ist sie seicht, daselbst ist das Ufer sandig und angespült, in den übrigen Theilen ist es überall mässig, d. h. ca. 100 bis 150 Fuss hoch. Wie man aus der Karte sieht, ziehen sich 3 Reihen Steine längs dem östlichen Ufer mit einer Tiefe von 12 bis 13 Faden in einer Entfernung von 2 bis 3 Meilen vom Ufer. Das westliche Ufer, namentlich die Ostseite der Halbinsel Murawjew Amurskoi, ist überall steil, felsig, keine Landung erlaubend, nur in der Mitte ist eine schmale Schlucht, wo eine Fansa liegt. In $1\frac{1}{2}$ Meilen Entfernung ist die Tiefe überall 12 Faden, ausser am obern Ende, wo diese Tiefe sich bis 5 Meilen vom Lande hält. Im südlichen Theile zwischen den Inseln Askold und Kazakewitsch ist 37 Faden mit Sand- und Schlamm-Grund.

Bosphor Strasse (Hamelin Strait). Diese Strasse theilt die Halbinsel Murawjew Amurskoi (Albert Peninsula) von der Kazakewitsch-Insel, die mehr noch unter dem Namen die Russische bekannt ist. Die 70 bis 100 Fuss hohen, felsigen, mit Gras und Gestrüpp bewachsenen Ufer haben nur zwei bedeutendere Untiefen. Die eine, die steinigte, auf der eine grosse Brandung steht, wenn es windig ist, liegt in SO auf 240 Faden von dem Cap Schitkow, dem südlichen Cap der Insel beim Einsegeln von der Usuribay. Die zweite ist sandig, als eine angespülte Landzunge erscheinend, mit einer Tiefe von 28 Faden bis dicht daran, in der Babkin'schen Karte Cap Takarew genannt. Diese Landzunge liegt bei der

Einfahrt aus der Amurbay und zieht sich bogenförmig auf 320 Faden nach SSO, von der SW-Spitze des steilen Caps dieser Einfahrt. Dieses auf englischen Karten Knob point genannte Cap hat auf der Südspitze einen einzeln stehenden Hügel von 250 Fuss Höhe, auf den englischen Karten Tiger Hill genannt. Die Takarew-Landzunge, circa 1 Fuss über dem Meeresspiegel, ist nur bei Nacht und beim Nebel gefährlich; das Ende, auf dem beim Winde immer eine starke Brandung steht, kann man ganz dicht schneiden, und wir rathen, von W kommend, sich näher daran als an das südliche Ufer zu halten, da letzteres vom Cap Larionow an mit blinden Scheeren umgeben ist, bis auf 50 Faden sich erstreckend. Ausser diesen gefährlichen Punkten ist noch eine einzeln liegende 2 Fuss Bank Skrjäbin mitten in der Bucht Ajax belegen. Ajax ist die zweite der 5 Buchten an der Strasse, wenn man von Osten kommt. Die übrigen Untiefen sind alle auf der Karte Babkins angegeben, nur fanden wir bei unserer Peilung, dass die nach OSO von Cap Novosilsky, die nördliche in der Bucht Ajax, auslaufende Untiefe, eine Tiefe von reichlich 100 Faden hat, während sie auf der Karte nur mit 52 bis 53 Faden angegeben ist.

In der Bosphor-Strasse liegen alle Untiefen auf der S-Hälfte, weshalb man die nördliche Seite halten muss, deren Vorgebirge alle nach dem Süden tief sind. Diese Strasse ist 6 Meilen lang und $^1/_2$ Meile breit auf der schmalsten Stelle, ist allenthalben tauglich zum ankern, die Tiefe ist jedoch 16 bis 25 Faden, der Grund Schlamm; bei Winden von der östlichen Hälfte des Compasses steht eine hohe See.

Die Ufer der Strasse sind von Buchten durchschnitten, auf dem S Ufer 2, Paris und Ajax, auf dem Nördlichen 4, Patrokel, Ulis, Diomid und das goldene Horn, gerechnet in der Ordnung von O nach W. Als die am besten Schutz gewährende und Wladiwostok am nächsten belegene verdient Diomid hervorgehoben zu werden; man muss sich jedoch mehr zur westlichen Seite halten, weil die östliche seicht und steinig ist. Die Bucht Patrokel hat den Vorzug, dass sie zuerst aufgeht und man kann von da bequem einen Weg nach Wladiwostok anlegen; für ausgehende Schiffe, welche das Ende der dichten Nebel abwarten wollen, ist die Bucht Paris bei einer Tiefe von 8 bis 9 Faden zu empfehlen. Beim Befahren der Bosphorstrasse muss man sich zwar nach der Babkin'schen Karte richten, jedoch folgende Irrthümer beobachten: Die Bucht Ulis ist $3^3/_4$ Mal zu gross angelegt, und danach scheint es, dass das ganze Ufer zwischen dieser und der Bucht Diomid auch unrichtig angelegt ist; das vom Cap Abrikosow in NW auslaufende 3 Faden Riff, ist um $^2/_3$ seiner Länge zu gross angegeben, d. h. statt 96 Faden nach dem Detailplan der Diomid-Bucht ist es nur 32 Faden. Gegenwärtig hat man angefangen die östliche Einfahrt zu beleuchten durch einen neuen Leuchtthurm auf der Insel Skryplew. Diese Insel besteht aus einem runden, mit wildem Grase bedeckten Felsen, dessen felsige Ufer selbst das Landen mit Booten nicht gestattet; die höchste Höhe ist auf der S-Seite und fällt von da steil ab. Man kann die Insel von allen Seiten umsegeln, allein da die Durchfahrt vor dem S Vorgebirge nur 450 Faden breit ist, während sie zwischen der Insel und dem nördlichen Vorgebirge 1175 Faden breit ist, so ist es augenscheinlich richtig, sie nördlich zu umsegeln. Annehmend, dass die Insel Skryplew eine Höhe von 150 Fuss hat, muss man bei guter Beleuchtung das Licht auf 16 Meilen von der Ussuri-Bay sehen können, allein alsdann muss das Schiff so nahe dem Ufer sein, dass der Nutzen des Leuchtfeuers sich auf den eines gewöhnlichen Hafenfeuers reducirt; es würde daher richtiger sein, statt auf der Insel Skryplew ein Feuer auf Cap Basargin (das nördliche Cap der östlichen Einfahrt) zu stellen, welches auch die nächtliche Einfahrt aus der Amurbay während des Nachts erleichtern würde, da das Licht auch in der westlichen Einfahrt sichtbar sein würde. Die Ufer der Bosphorstrasse sind, Wladiwostok ausgenommen, nur schwach bevölkert, man sieht nur 5 Fansas, wo man Salz aus dem Seewasser bereitet. Die Untiefen der Bosphorstrasse sind reichlich mit Austern besetzt.

Das goldene Horn (Port May) ist hauptsächlich unter dem Namen Hafen von Wladiwostock bekannt. Diese Bay liegt auf der SW-Seite der Murawjew Amurskoi-Halbinsel und in der NW-Ecke der Bosphor-Strasse, aus welcher die Einfahrt zuerst in NNO — $1^1/_2$ Meilen lang geht, bei der geringsten Breite von 360 Faden, dann in O und S auf 2 Meilen bis zum obern Ende der Bay, die daselbst nur 250 Faden breit ist. Dadurch bildet sich eine hornförmige, wohlgeschützte Rhede; die Tiefe verringert sich von 14 Faden bei der Einfahrt allmählich auf 10 und 9 Faden; in der Biegung sind nur 4 Faden; der Grund ist überall schlammig, die Ufer mit Eichenwald bedeckt, theils lehmig, theils verhärteter Sandstein; das S Ufer kann man hügelig nennen, häufig steil abfallend, der höchste Punkt Bugorka ist nur 300 Fuss über der Meeresfläche. Das N und W Ufer ist dagegen entschieden bergig, doch niedrig am Ufer, das östl. Ufer oder das innere des Hafens ist niedrig u. sumpfig, durchschnitten von einem von O nach W fliessenden Flüsschen, welches zusehends vertrocknet.

Wladiwostok wurde zuerst am 20. Juni 1860 von uns besetzt; das erste daselbst von 1860 bis 1861 überwinternde Kriegsschiff war die Corvette Griden, commandirt vom Capitainlieutenant Jegerskjold. Gegenwärtig liegt der Militair-Posten längs dem nördlichen Ufer des Hafens am Abhange des Berges, nicht da, wo er auf Babkins Karte angelegt ist; der Port und das neulich ausgegrabene Dock liegt aber auf einer kleinen schmalen Niederung im NW-Ende des Hafens. Die grösste Höhe des Gebirges auf der N-Seite Wladiwostoks ist 700 Fuss, die des Gebirges auf der W Seite 280 Fuss, und ist nur 120 bis 400 Faden vom Ufer entfernt, daher können die Häuser nur längs einer, höchstens zwei Strassen liegen. Schon 1866, als nur 1 Kirche, 10 öffentliche, 34 Privatgebäude nebst 12 Magazinen und 11 Fansas da waren, nahmen diese Gebäude längs dem N und NW-Ufer eine Strecke von 3 Werst ein, und haben nicht das Ansehen einer regelrechten Stadt. Wladiwostok hat 2 Landungsbrücken, eine auf dem nördlichen Ufer für den Landetat mit nur 12 Fuss Tiefe, die andere am NW-Ufer, nach dem Port ist Schiffen jeder Grösse zugänglich, obschon sie nur 4 Faden lang ist. Wladiwostock ist schon und wird in der Zukunft wahrscheinlich noch mehr die Hauptniederlage für die russische Flottille des stillen Oceans werden; einlaufende Schiffe finden daher in der Regel alle Bedürfnisse vorräthig. Gemüse kann man fast immer haben, um aber Schlachtvieh zu bekommen, muss man klingende Münze haben, sonst verliert man beim Wechseln des Papiergeldes zu viel, denn ein amerikanischer Dollar, eigentlich nur 1 R. 33 K. werth, gilt hier 1 R. 80 K., zuweilen bis 2 Rubel in Papier; unser Silberrubel geht für 1 R. 40 K., zuweilen für 1 R. 60 K. Papier. Die Bevölkerung ist nur schwach, jedoch stark im Zunehmen; im Herbste, wenn der zwischen Strelok und Olga-Bay gefangene Seekohl sich hier concentrirt, sammeln sich manchmal bis 150 Böte mit 300 Mann fremder Besatzung. Wladiwostok leidet während des Winters Mangel an Trinkwasser, weil die Flüsse und Brunnen bei dem fast schneelosen Winter austrocknen. Die Hauptvorzüge Wladiwostoks bestehen in seiner durchaus sichern Rhede, seiner Lage mitten zwischen den Häfen der Südküste und seiner Verbindung mit dem Amur-Bassin mittelst des Suiffun-Flusses, des Sees Chanko und des Ussuri-Flusses; ausserdem ist Bauholz sowohl auf der Halbinsel als auf den Inseln Kazakewitsch und Popow in Masse vorhanden, es fehlt aber an Händen zum Fällen. Aller Wahrscheinlichkeit nach wird im Jahre 1871 ein unterseeischer Tleegraph (Kabel) Wladiwostok mit Japan und China verbinden, sowie es durch eine Landlinie von Chabarowka am Amurflusse über Irkutsk schon mit Europa verbunden ist.

Beim Einsegeln nach Wladiwostok ist zu bemerken, dass die nach Babkins Beschreibung entworfene Karte, die beiden Vorgebirge der Wladiwostok-Bucht d. h. Cap Kleta und Cap Jegerskjold unrichtig angiebt, nämlich als flache Riffe, während Cap Kleta aus einer angeschwemmten sandigen Zunge besteht und 4 Faden von dessen Ende 18 Fuss Tiefe hat; Cap Jegerskjold ist hock und felsig; 100 Faden von dem S-Ende dieses Caps, unmittelbar unter dem Berge Jegerskjold, läuft ein 120 Faden langes steiniges, blindes Riff nach der Richtung des Fahrwassers. 1866 lief der Klipper Jsumrud, der Karte folgend, auf dieses Riff; es ist daher unrichtig, wenn man das tiefe gegenüber liegende Cap Kleta meidet. Weiter S vom Berge Jegerskjold vereinigt dieses Riff sich mit dem Ufer, was ebenfalls nicht mit der Karte stimmt, die auch noch den Fehler hat, dass Cap Kleta um 100 Faden zu weit NW angelegt ist, wodurch die Durchfahrt auf dieser Stelle von 360 auf 280 Faden verengt angegeben wird; überhaupt rathen wir, die Karte Babkins über den Bosphorus mit grosser Vorsicht zu benutzen, und empfehlen, nachdem man Cap Kleta passirt hat, den Plan der Wladiwostoker Rhede zu benutzen, der 1861 nach der Aufnahme der Corvette Griden entworfen ist und sich auf der Karte Nr. 1536 über das östliche Ufer Korea's nach der Beschreibung der Fregatte Palada 1854 befindet. Das hydrographische Departement hat jedoch dieser Karte das Riff auf der S-Seite von Cap Jegerskjold nach der Karte Babkins mit allen deren Fehlern hinzugefügt.

Es ist zwar angenommen, dass das Riff bei Cap Jegerskjold durch eine Boje abgemerkt sein soll, indessen würden wir Schiffen, die zum ersten Male nach Wladiwostok kommen, folgende Richtungslinie empfehlen, die mitten durch 'das Fahrwasser führt. Man muss den kahlen, dunkeln Felsen Klykow, der gerade unter dem, aus einem Hause mit 4 Fenstern bestehenden, auf dem nördlichen Ufer der Rhede belegenen Militair-Posten liegt, in Revers mit den auf der östlichen Seite belegenen grossen Häusern des Commandeurs des Postens, welche eine Terrasse haben, bringen; auf dieser NO und SW 33° nach dem Compasse gehenden Linie muss man, beim Einsegeln in die Bucht, übergehen, wenn man auf der Parallele des Cap Goldobin sich befindet, und der Port, ein Theil des Postens und der Berg Klykow sich ausserhalb Cap Kleta zeigt.

Schiffe, die aus der Ussuri-Bay nach Wladiwostok segeln, müssen suchen ihre Richtung nach der Insel Askold zu nehmen, deren Lage bezüglich der Einfahrt auf Babkins Karte richtig angegeben ist; wenn das Wetter klar genug ist, so kann man die Einfahrt zum Bosphorus leicht erkennen, an dem leeren Raume zwischen der Gebirgskette auf der Halbinsel Murawjew Amurskoi und dem 780 Fuss hohem Berge auf der Insel Kazakewitsch.

Beim Beginne des Winters muss man ein sehr gut besegeltes Schiff haben, um nach Wladiwostok durch die Ussuri-Bay einzulaviren; rings um die Insel Askold geht nämlich der Wellenschlag bei NW-Wind von W und WSW, zuweilen auch stossweise aus NNW und WNW. In dieser Jahreszeit ist es den das Cap Hamow in Sicht gehenden Schiffen leichter durch die Amurbay nach Wladiwostok zu kommen, durch welche es uns gelang, auf einer Halse durchzugehen, scharf Bidewind unter dem Winde dicht an die Inseln Hildebrand, Delivron und Durnow gehend. Die Einfahrt aus der Amurbay kann man leicht erkennen an der sich in W erstreckenden, einzeln stehenden Insel oder Felsen Uschi, die an den S-Cap zur Einfahrt in die Bucht Novik anliegt, und sich später durch seinen steilen Abfall und den vereinzelten Bergen auf seiner S-Spitze gut abtheilt von dem hohen Ufer über die Landzunge bei Cap Takarew. Man muss in diesem felsigen Fahrwasser darauf vorbereitet sein, dass der Wind häufig um 1 oder 2 Striche abweicht, besonders bei Stosswinden; ausserdem machen wir aus eigener Erfahrung darauf aufmerksam, dass der in der See nur mässig stark wehende Wind sich gewöhnlich hier verstärkt und an den engsten Stellen in heftige Stosswinde übergeht, besonders wenn es nebelig ist.

Wladiwostokbay wird von den Mansas Cheidsawei genannt, welches die beste Stelle für den Fang von Trephangen und Hummer bedeutet; gegen den Herbst kocht das Wasser förmlich von Mollusken von der Medusa-Gattung. Die Ufer der Bay sind zwar stellenweise flach, stellenweise von blinden Scheeren umgeben, allein sie erstrecken sich selten über $^1/_2$ und nirgends über $^3/_4$ Cabellängen.

Nach den letzten Observationen des Lieutenants Staritzskois ist der Unterschied der Länge zwischen Wladiwostok und Nicolajewsk am Amur 8° 49′ 33″ nach W und 3° 36′ 51″ nach W von der Wladimir-Bucht. Nach mehreren Observationen ist die mittlere Breite des Militairpostens 43° 6′ 42″ N. Br. und die mittlere Länge 131° 55′ 27″ O von Greenwich, und die Abweichung des Compasses 4° 30′ W.

Die tägliche Fluth ist dieselbe, wie in den übrigen Häfen, im Sommer durchschnittlich 3 Fuss höherer Wasserstand als im Winter. Die Ebbe, und wie zu vermuthen in umgekehrter Richtung die Fluth, läuft nach beiden Seiten der Bosphorstrasse d. h. nach der Ussuri- wie nach der Americabay. Wir observirten dieses augenfällig, als wir bei gänzlicher Windstille ganz nahe an ein anderes Schiff waren, welches 1½ Meilen östlicher lag; während wir nach der Amurbay abtrieben, wurde das andere Schiff, zuerst ganz nahe an dem niedrigen, angespülten Cap Pospälow, später östlich nach der Insel Skrebzow getrieben. Die

Stärke der Strömung erreicht kaum ½ Knoten, sie kann daher keinen wesentlichen Einfluss auf den Cours eines wohlsegelnden Schiffes haben. Von Wladiwostok ist auf dem nächsten Wege 57 Meilen bis Nachodka, 68 bis Novgorodskoi, 25 bis Slavjanskoi, 13 bis Petschanoi, 16 bis zur Mündung des Suifuns, 32 bis Strelok-Strasse und 25 bis zum obern Ende der Ussuri-Bay.

Die Amurbay (Guerin Gulf) liegt auf der westlichen Seite der Halbinsel Murawjew Amurskaja und der davon S belegenen Inselgruppe. In das obere Ende mündet der bedeutende Suifun-Fluss; die Bay selbst ist überall tief genug, doch ist die östliche Seite tiefer als die westliche. Das westliche Ufer der Halbinsel, also das NO der Amurbay, ist am Ufer mässig hoch, waldbewachsen, stellenweise niedrig, stellenweise aber auch steil; es dient als Stapelplatz für das im Inlande gefällte Bauholz, welches auf dem Eise der kleinen Flüsse hingefahren wird, von wo es entweder in Flössen bugsirt oder in Schiffen verladen wird. Einer dieser kleinen Flüsse liegt 2 Meilen N von Wladiwostok, deren Ufer ziemlich hoch sind, so dass Schiffe während des Sommers einen guten Ankerplatz haben auf 4 bis 5 Faden; der Grund ist bis auf 3 bis 4 Cabellängen vom Ufer Schlamm. Ein anderes Flüsschen $1^3/_4$ Meilen W von der Insel Skrebzow ist der Hauptpunkt für das Holz, von der Skrebzow-Insel an bis zur seichten nordöstlichen Bucht. Auf den russischen wie den engl. Karten ist die Tiefe in $^1/_2$ Meile gleichmässig mit 2 bis 4 Faden angegeben, allein wir hörten vom Commandeur des Transportschiffes Japonez 12 Fuss liegend, dass er 1863, als er Bauholz laden sollte, plötzlich auf einen Stein stiess, während ringsherum 3 bis $3^1/_2$ Faden war; von unserer Seite können wir hinzufügen, dass wir 1866 auf der N-Seite der Insel Skrebzow, mit dem Schooner „Fahrwater“ lavirend, Wirbel und trübes Wasser fanden bei $3^1/_2$ bis 3 Faden Tiefe, während der Schooner durch die Fluth stark gen NO trieb. Das dritte Flüsschen Ljänsa ist 2 Meilen in NO vom zweiten; auf diesem geht die Verbindung über die Halbinsel nach der Ussuri-Bay; bei der Mündung ist das Flüsschen seicht auf einer grossen Strecke.

Die grosse seichte NO-Bucht ist gar nicht beschrieben; die Ufer bilden ausgedehnte Wiesen, auf denen für Wladiwostok Heu gemacht wird. Das S Cap der Westseite (auf englischen Karten Aube Bluff, auf den russischen Sacha Zuisa genannt), aus Sandstein bestehend, hat in seinen Abfällen eine Lage Lignis blosgelegt. Das Ufer westlich von Sacha Zuisa ist hoch, wiesig, tief, allein nicht genauer untersucht. Die Insel Rjätschnaja (River Island) ist ein kahler, 70 F. hoher Felsen.

Von den vielen Mündungen des Suifun ist nur eine leicht zugänglich für Boote und zwar die, welche neben der Insel Rjätschnaja längs dem östlichen Ufer geht. Schiffe, welche diesen Fluss suchen, müssen auf ca. 3 Faden, die wir $1^1/_2$ S vom Cap trafen, ankern.

Westlich von der Suifun-Mündung sind am hohen, waldigen Ufer 1860 Steinkohlen gefunden worden, die nur kurze Zeit bearbeitet wurden, weil man sie als von zu schlechter Qualität bezeichnete; da aber keine regelmässige Bearbeitung noch Untersuchung gemacht ist, kann man kein Urtheil fällen. In dieser Gegend, wo das Erdreich sehr eisenhaltig ist, hat man verschiedene Abweichungen der Magnetnadel bemerkt, die aber nirgends beschrieben sind. $4^1/_2$ bis 5 Meilen S von den Kohlenbrüchen ist eine sandige Bucht, in welcher für den Landetat eine Proviant-Niederlage für die am Suifun und dem Chankow-See stehenden Truppen angelegt ist. Von dieser Bucht ist's 6 Meilen bis zur Station am Flusse, die Bucht selbst hat nur längs dem nördlichen Ufer, welches den südlichen Rahmen der Bucht bildet, 3 bis 4 Faden Tiefe. Diese Halbinsel (Winchester Mount), besteht aus Felsen und hohen Hügeln, endigt gen O in einer niedrigen, angeschwemmten Landzunge Pestschanoi (Sandy Point). An der W-Seite dieser Landzunge ist bis dicht daran 6 Faden, gegenüber in der Mitte der Amurbay, 11 Faden. Die Bucht Sandy Point ist gegen alle NO-Winde vollständig unbeschützt, weiter südlich an der Nordseite des Cap Lütke

(Mount Virginie) ist eine ganz flache Bucht; ganz hart an der S-Seite dieses Caps dehnt sich eine grosse Wiese, auf der Heu für Wladiwostok gemacht wird; im Schilfe längs dem Ufer sind viele wilde Schweine.

Slavjänskaja Bay (Port Bruce). Diese grosse Bucht ist gegenwärtig noch ohne Bedeutung, sie gewährt überall einen guten Ankerplatz, ist 4 bis 16 Faden tief mit Schlammgrund. Bei Winden aus der östlichen Hälfte des Compasses steht eine hohe See, besonders bei O oder SO, die an dem NW-Ende anprallt, wesshalb wir nur die SW-Seite als Ankerplatz recommandiren können. Der Archipel S von der Kazakewitschinsel beschützt die Slavjanskaja-Bay nur sehr wenig, und wenn auch der China-Pilot anderer Meinung ist, so können wir doch nur wie oben die NW-Bucht recommandiren. Die südliche oder SO-Bucht der Bay schneidet, wie wir selbst erfahren haben, bei Weitem nicht so tief ins Land, als auf der Babkin'schen Karte angegeben und ist auch seichter. Beim Einsegeln in die Slavjänskaja-

Bay, Nachts oder bei Nebel, besonders bei S-Course, muss man sich vor dem vom Cap Bruce in ONO sich auf einer Kabellänge er- erstreckenden Riffe hüten, welches den südlichen Einlauf bildet und von den Engländern Columnpoint genannt ist, nach seinem besonders sich unterscheidenden Aussehen. Auf Cap Bruce steht Brandung bei Seewind. Das übrige Ufer der Bay ist bei der Einfahrt ungefährlich, das S ist kahl und steil abfallend, das N, Insel Gerasimova genannt, ist 60 bis 70 Fuss hoch und mit Wald bewachsen. Wir haben die Bucht oft besucht und in ihr lavirt, wobei wir $4^1/_2$ bis 5 Faden in der Mitte des Fahrwassers, und ringsherum bis ca. $1^1/_2$ Meilen von dem Anfange der SW-Bucht 7 bis 8 Faden gefunden, welches nicht mit der Karte Babkins stimmt, die überhaupt nicht mit Genauigkeit aufgenommen ist. Höchstens 3 oder 4 Fansas bilden die ganze Ansiedelung der Ufer.

Das Ufer nördlich von Slavjänskaja-Bay bis Cap Lütke ist in der S-Hälfte geschlängelt, stellenweise steil und hoch, stellenweise aber auch mit niedrigen Ufern, es läuft in's Meer hinaus mit 2 bedeutenden tiefen Vorgebirgen; in der kleinen Bucht hinter einem derselben, namentlich Cap Kuprijanow (C. Wilson) ist die Mündung des Flüsschens Sidilli. In der nördlichen Hälfte hat das Ufer 6 Faden Tiefe in 2 Meilen Entfernung, in der südlichen 11 und 12 Faden in 1 Meile Entfernung.

Das Ufer S von Slavjänka Bay bis Cap Hamow hat nur ein bedeutendes Vorgebirge, Cap Clark, unter welchem die noch nicht untersuchte Bank Griden liegt, worauf der China-Pilot auch aufmerksam macht. Cap Clark bildet auf beiden Seiten Einschnitte oder offene Schluchten, die während des Herbstes einen Ankerplatz gewähren und des Winters zufrieren; in das obere Ende der südlichen Bucht fällt ein, in das der nördlichen zwei Flüsschen. Das Ufer des Festlandes südlich von der südlichsten dieser Buchten ist entschieden gebirgig, je näher zu Cap Hamow, je höher und steiler wird es. Anfangend von dem 8 Meilen nördlich von Cap Hamow an einem Berge mündenden Flüsschen, fängt das steile Ufer an weiter gen S in senkrechten Felsen abzufallen, und das Meer wird unter denselben tiefer und tiefer, während in einer Meile Entfernung beim Flüsschen nur 16 bis 17 Faden sind, hat man in einer Meile vom Ufer bei Cap Hamow schon 27 Faden. Von der östlichen Spitze des Cap Hamow findet sich eine Gruppe nicht sehr hoher Felsen „Astafjew“, hinter welchen man bei S-Winden von SO durch W bis NW — in den nicht tiefen Einschnitten, nach Aussage der Mansas, sicher liegen kann; allein wir glauben, dass es sehr tief sein wird und dass ein Segelschiff schwer davon unter Segel kommen kann, besonders bei NO-Winden.

Inselgruppe südlich von der Halbinsel Murawjew Amurskoi (Eugenie Archipelago). Diese Inseln schliessen die Amurbay von SO und S; sie werden in 2 Gruppen getheilt, die N und S zwischen der äussersten Insel Scheltuchin und Insel Redclif eine 7 Meilen breite, tiefe Durchfahrt bildend. In der N Gruppe ist die Insel Kazakewitsch, auch die Russische genannt, die grösste; sie ist bergig, dicht mit Wald bewachsen, 7 Meilen lang und eben so breit; sie hat 4 Buchten, von welchen die nördliche die Novikbucht (Deak Dundas), die beste ist, und die Insel beinahe in 2 Theile theilt, indem sie von NW nach SO — 6 Meilen einschneidet als ein schmaler Arm. Die Novikbucht hat 5 bis 7 Faden, ist 1855 detaillirt von den Engländern aufgenommen; wir rathen, nach deren Plan sich zu richten, denn die Bucht ist nicht gefahrlos, schon bei der Einfahrt muss man sich vor einem Steinriffe hüten, welches sich von N von dem Vorgebirge bis zur Einfahrt erstreckt, auf dem eine Fansa steht. Die Ufer sind zwar überall bergig, steil, und ganz besonders auf dem S-Ufer mit dichtem Walde bewachsen; die Vegetation ist bei Weitem üppiger als in Wladiwostok und Possietta, auch das Clima besser, weil die ganz hart davor liegende 780 Fuss hohe Gebirgskette sie vor Nebel schützt. Am Ufer sind viele Schlangen. Die übrigen 3 Buchten, Babkin, Rinda und Woewoda (Steward Bay) sind zwar unbedeutend, jedoch tief genug für Schiffe jeden Ranges. Alle diese 4 Buchten sind auf der W-Seite der Insel Kazakewitsch.

Die nächstgrössten Inseln Popow, Reineck und Rikard sind ebenfalls bergig und hoch, die ersten zwei mit Wald bewachsen. Von den übrigen, die Nordgruppe bildenden Inseln und Felsen, verdienen folgende erwähnt zu werden: a) Werchowskoi-Insel, die in 2 bis 3 Meilen von OSO das Aussehen dreier einzelner Felsen hat; auf der Karte Babkins sind indessen nur 2 angegeben. b) Zwei Gebrüder (two brothers) entspricht durch sein Aussehen nicht dieser Benennung, denn die eine ist ein flacher Felsen, während die andere spitz ausläuft; auf englischen Karten werden sie viel richtiger Fleet and Flat genannt. c) Die Zwei-Hügel-Insel Koslow hat nicht zwei Hügel, sondern nur eine einfache Spalte in der W-Seite. d) Insel Ziwelko liegt fast mitten in der Amurbay, ist von runder Form und kenntlich an ihrem grünen Aussehen — sie ist auf den englischen Karten nicht angegeben, und e) die Insel Antipenko und Serebrjäkow liegen 4 Meilen südlich von der Slavjänska-Bay; auf der Westseite kann man in der Strasse auf 9 Faden Tiefe ruhig vor Anker liegen, wenn man die erste in O hat. Diese Inseln sind mit einander durch ein Riff verbunden, auf dessen Mitte und W davon sich aus dem Wasser ein einzelnstehender hoher und dunkler Felsen als eine Säule erhebt. Beide Inseln sind hoch, steinig, steil und haben Vegetation; während die übrigen Inseln und Felsen der Nord-Gruppe kahl und senkrecht abfallend sind. Rings um alle Inseln und Felsen der Nordgruppe, 29 an der Zahl, ist es tief, bei einigen bis 30 u. 32 Faden; daher kann man sie von allen Seiten umsegeln, nur bei der Popow-Insel ist es auf beiden Seiten flach; die im China Pilot angegebene Durchfahrt (Wildes Bay) zwischen Popow und Kazakewitsch hat ein querüber liegendes Riff mit nur 15 Fuss.

Von den Inseln der Süd-Gruppe hat Redcliff eine mässige Höhe, ist steil, mit Gras bewachsen und sehr tief, sie ist auf Babkins

Karte um $1^1/_2$ Meilen zu westlich angegeben. Die Inseln Delivron, Hildebrand und Durnow, ca. 100 Fuss hoch, sind mit Gestrüpp bedeckt, steil und sehr tief. Delivron ist die grösste, die anderen zwei von gleicher Grösse, welches nicht mit Babkins Karte stimmt. Die Durchfahrt zwischen diesen Inseln und der Insel-Gruppe Rimskoi-Korsakow ist 16 bis 22 Faden tief, zwischen dem Festlande aber 14 bis 25 Faden; auf dem Wege nach WNW (nach dem China Pilot NW $^1/_2$, W $^3/_4$ Meile) liegen eine Meile von der Delivron-Insel zwei flache Steine gerade im Wasserspiegel, welche an der Brandung erkenntlich und bei Nebel und Stille gefährlich sind; man soll immer vorziehen, sie auf der Ostseite zu umsegeln. In 1 bis 2 Meilen auf der N-Seite der Insel Delivron auf $14^1/_2$ bis 15 Faden Tiefe, ist Sandgrund, wo man ruhig bei S und SO-Wind ankern oder vor einem Werpanker liegen kann, um etwaigen häufig vorkommenden Nebel abzuwarten.

Die Inselgruppe Rimskoi Korsakow (Pelees I[d.]) besteht aus einer grossen und mehreren kleinen Inseln mit von ersterer sich auf $2^3/_4$ Meilen nach NW hinziehenden Scheeren. Diese Gruppe ist überall tief und man hat bis 28 Faden ganz hart an den am NW-Ende liegenden Steine gefunden. Nach unserer Meinung muss im Sommer ein guter Ankerplatz zwischen der grossen Insel und der Gruppe kleiner Inseln sein. Die grösste Insel besteht aus 2 ca. 200 Fuss hohen Höhen, die durch eine niedrige Landzunge vereint sind, wesshalb sie auf den englischen Karten als 2 Inseln die 1. und die 10. angezeigt ist. Diese Insel ist auf allen Seiten ganz senkrecht; bei beiden Enden befinden sich spitz zulaufende Felsen, wovon derjenige auf der SO-Spitze wenigstens 70, wenn nicht 100 Fuss hoch ist und sich 3 Cabellängen vom Ufer hinzieht, wesshalb er bei trübem Wetter für Schiffe, von NO und O kommend, ein sicheres Kennzeichen giebt; um so wichtiger, als diese Felsen nicht auf Babkins Karte angegeben sind. Die Durchfahrt zwischen der Durnow-Insel und der SW-Spitze der grossen Pelees ist sehr tief und hat keine äussere Felsen.

Mit Ausnahme der Kazakewitsch-Insel, hat keine der Inseln des Eugenie-Archipels eine feste Bevölkerung; während des Sommers siedeln sich zuweilen Seekohl fangende Mansas an. Auf der Kazakewitsch-Insel sind 3 oder 4 Fansen.

Die Halbinsel Hamow ist durch ihre sich als ein Vorgebirge weitausstreckende Lage sehr wichtig für vom S kommende Schiffe, die nach den südlichen Häfen oder Posietta sollen; sie bildet einen guten Erkennungspunkt und ein Leuchtthurm auf der SO-Spitze wäre, besonders wenn noch mit einer Nebelglocke versehen, ganz am Platze.

Der Berg Hamow auf dem S-Theil der Insel ist 1800 Fuss hoch, kahle nur mit Gras bewachsene Abhänge fallen steil ab nach dem Meere, die auf dem SO- und S-Ende bedeutend niedriger als auf den O- und W-Seiten sind. Rings um die Halbinsel ist es überall tief;

durch die während des Sommers vorherrschenden Winde aus den S- und O-Hälften des Compasses ist ein fast nie aufhörendes geräuschvolles Anprallen der Wellen rings um die Ufer. Die Tiefe ist bis ganz dicht daran 24 bis 25 Faden; in SO von der S-Spitze hat man bei Sand- und Schlammgrund in 5 Meilen 35 Faden gefunden, nach der Beschreibung der Fregatte Palada auf 15 Meilen in SSO 90 Faden. Neben diesem Ende (auf der Karte Cap Babkin) auf der W-Seite, erhebt sich ein 70 bis 80 Fuss hoher Felsen Alexejew, der sich beim Ansegeln von O deutlich abtheilt und an seiner zackigen, unegalen Spitze kenntlich ist. Von diesem Felsen ist der Berg Hamow $1^1/_3$ Meilen NO $^1/_4$ O. Die Parallele der Halbinsel Hamow (Cape Hugon) ist auf der Babkin'schen Karte auf $1^1/_4$ bis $1^1/_2$ Meilen nach O vergrössert angelegt; daher giebt eine von der S-Seite genommene Peilung nicht die richtige Lage der Schiffe nach dieser Karte an; und man bekommt von 4 Peilungen 3 verschiedene Punkte mit $1^1/_3$ Meile grösster Entfernung unter ihnen. Die unrichtige Anlage auf der Babkin'schen Karte findet man auch, wenn man sie mit der Englischen vergleicht. Im Vorbeisegeln der Halbinsel ist es augenfällig, dass die Breite der kleinen Bucht zwischen der S- und SO-Spitze auf Babkins Karte wenigstens um das Doppelte vergrössert ist; allein auch darauf fussend, dass man von der Insel Pelees oder Posietta-Bay kommend und, nach den Peilungen der nächsten Gegenstände, Cap Babkin auf der Babkin'schen Karte richtig angelegt findet, muss man um den Fehler zu berichtigen, die SO-Spitze und das ganze östliche Ufer der Halbinsel, auf der Karte auf $1^1/_4$ bis $1^1/_2$ Meilen nach W legen, wodurch die Bucht W von Cap Clarke um so viele Meilen breiter wird, welches auch mit der Englischen Karte stimmt. Während des Frühjahrs und des Sommers, wenn der Nebel gleichsam auf der Halbinsel angehalten wird, und während des Herbstes, wenn die Höhen derselben anfangen sich mit Wolken zu bedecken, kann man fast immer starke NW-Winde erwarten.

Es ist bemerkt, dass man bei dichtem Nebel den niedrigen Theil der Ufer ungleich früher sieht als die Höhen, es ist daher nicht unwichtig, zu wissen, dass die SO-Spitze der Hamow-Halbinsel dicht an sich einen kleinen Felsen hat, besonders bemerkbar von NO und O, der scharf begrenzt sich immer früher als das Ufer durch den Nebel zeigt, wenn man am Tage denselben in 2 oder 3 Meilen von NO kommend umschifft. Auf dem W-Ufer der Halbinsel Hamow ist eine gut geschützte Bucht desselben Namens, indessen den West-Winden ausgesetzt, an das NO-Ufer aber lehnt sich die Bucht Troizi, sowohl dem Süd-Winde als den Wellen ausgesetzt; beide Buchten sind von steilen kahlen, finsteren Ufern umgeben, die stellenweise 500 Fuss hoch sind. Nach W von der Halbinsel Hamow schneidet das Land gen N tiefer ein bis zur Halbinsel Krabbe, und bildet eine breite vom Süden ganz offene Bucht, deren N-Ufer eine erhabene, kahle Fläche bildet, mit stellenweise tiefem Ufer. Diese Bucht (Whale-Bay) hat am oberen Ende nahe dem Ufer 7 bis 11 Faden; am W-Ende liegt die felsige, dunkel aussehende Insel Amiot, sehr bequem für Peilungen. Diese Bay ist nur durch eine niedrige Landzunge von der Novgorod-Bay getrennt.

Posietta-Bay und das Ufer südlich bis zum Flusse Tjumen Uly.

Posietta-Bay (Danville Gulf) besteht aus der Bucht Kaleva, Posietta Rhede und den 2 innern Buchten Novgorodskaja (Port Louis) und Expeditie (Napoleon Road). Die sogenannte Posietta-Rhede (Capriceuse-Bay) ist eine des Sommers allen Winden der östlichen Hälfte des Compasses ganz offen liegende Bucht, daher sie denn in dieser Jahreszeit keinen guten Ankerplatz bildet, obschon sie nur eine mässige Tiefe von 16, 8 und 9 Faden in der Mitte hat, bei einem Grunde von Sand und Schlamm. Beide Ufer der Rhede, sowohl das N als das S, sind steil, tief, erhaben und mit

Gras bewachsen. Davon ist das südliche das bergigere, ohne Riffe und bedeutend höher als das nördliche; die SO-Spitze Cap Suslow (auf der Karte der Fregatte Palada Cap Bodisko, auf den englischen aber Mount Direction genannt) ist ein steiler auf der Mitte 820 Fuss über dem Meeresspiegel hoher Felsen, ein gutes Kennzeichen für Schiffe, die bei trübem Wetter anlaufen. Das N-Ufer der Rhede ist eine Reihe nicht hoher Abhänge, mit niedrigen und steilen Ufern gemischt, stellenweise umgeben von dicht anliegenden Scheeren. Die Anlage dieses Ufers auf der Karte der Fregatte Palada ist richtiger als auf den andern Karten, und die auf derselben abgelegte kleine Bucht, gleich auf der W-Seite des niedrigen, dunkel aussehenden Vorgebirges, ist wirklich vorhanden und hat bei der Einfahrt 7 Faden Tiefe; sich auf circa 1 Meile nach ONO erstreckend, kann sie gut als Schutz dienen für Schiffe, die günstiges Wetter zum Auslaufen abwarten wollen. Das niedrige Vorgebirge, vor welchem die Bucht im W liegt, hat auf

Babkins Karte keinen Namen, auf Englischen aber Balbs P^t. genannt; nahe daran ist ein einzeln stehender Felsen. Das westliche Ufer besteht aus einer niedrigen, kahlen, sandigen Landzunge, auf deren NO-Ende ein bis zu 90 Fuss sich erhebender Felsen Tschurchad (Observation Spot und Musoir Point) mit sechs verticalen Spalten befindet; die zur Rhede liegende Seite dieser Zunge ist, im Vergleiche mit den andern Ufern, bedeutend flacher, wenn man aber das Loth passt, kann man an ihr immer bis auf 4 Faden Tiefe anlaufen. Bei klarem Wetter bildet die Reverslinie von dem Felsen auf Tschurchad mit der hohen conischen Spitze des Bergrückens, über dem N-Ufer der Expeditions-Bucht (12 bis 13 Werst ins Festland hinein belegen), die Linie um die Mitte der Rhede zu halten. Die Richtung dieser Linie NWW ½ W und SOS ½ O per Compass ist nur bei ganz klarem Wetter, oder allenfalls ausgehenden Schiffen nützlich. Eingehende Schiffe pflegen sich dicht an die Einfahrt des Caps von Osten, Cap Deger (Klaproth P^t.) und

Cap Suslow zu halten, längs dem tiefen S- oder N-Ufer nicht weiter, als in $^1|_2$ Meile Entfernung, gehend; dabei darf man indessen doch, wenn man vom Meere an das N-Ufer kommt, nicht gestatten, dass der Tschurchado-Felsen vor dem Balbo P^t. hervortritt, weil die bei der Einfahrt auf der Rhede liegende Bank Klykow, sich gerade W auf der Linie dieser Vorgebirge mit dem westlichen hohen steilen Cap der Halbinsel Krabbe befindet, welches letztere den N-Rahmen der Posietta-Rhede bildet. Die Bank Klykow ist 1866 vom Schiffe Jedo entdeckt, hat 3 Theile mit 27, 14 und 10 Fuss, dehnt sich auf 125 Faden von N nach S in der Grenze der 6 Faden Tiefe, umgeben mit einer Tiefe von 14 bis 13 Faden und hat einen unebenen Boden von Kieselsteinen; sie befindet sich von Cap Deger $1^1|_2$ Meile in SW 13^0 per Compass, vom Cap Suslow aber $3^1|_4$ Meilen im NO 43^0. Man will die Bank von N mit einem Besen und weisser Flagge, von S aber mit einem Besen und rother Flagge bezeichnen; nach unserer Meinung aber ist die O-Seite aber gerade die gefährlichste. In Berücksichtigung dessen, dass diese Bank dem N-Ufer bedeutend näher als dem S-Ufer liegt, ist es für einsegelnde Schiffe während des Nachts oder Nebels immer sicherer die Fuhruhjelm-Insel oder das Cap Suslow in Sicht zu laufen, die beide sehr tief und hoch sind.

Im Inneren und zwar in der NNW-Ecke der Posietta-Rhede liegt die Einfahrt zu den Buchten Novgorodskoi und Expeditie. Diese Einfahrt liegt zwischen dem Felsen Tschurchado (Musoir Rock) und dem W-Ende der Halbinsel Krabbe, sich jäh und steil ins Meer erstreckend, vor dem 470 Fuss hohen, höchsten Gipfel der Halbinsel auf deren W-Ende. In der Mitte dieser Einfahrt, die von O nach W 410 Faden Breite hat, steht ein einzelner, 50 Faden hoher, kahler Felsen, dessen Seiten senkrecht sind und Tscherkaskoi (Mingan Rock) genannt wird; dieser Felsen theilt die Einfahrt in zwei beinahe gleiche Hälften oder Strassen; an der SO-Seite dieser Strasse liegt ein Stein gerade in der Wasserfläche. Der China Pilot bezeichnet die Strasse O des Felsens Tscherkaskoi als untauglich, allein nach dem 1859 vom Secondelieutenant Astafjew aufgenommenen Plan hat diese Strasse bis $6^1/_2$ Faden Tiefe, und hat, wie wir es selbst erfahren, bei NO-Wind sogar einige Vorzüge vor dem W Einlaufe oder Canal. Der westliche Canal hat bis 10 Faden Tiefe, allein für ein bei SO aussegelndes Schiff hat es die Unbequemlichkeit, dass man nämlich auf der Rhede auskommend augenblicklich Ueber Stag gehen muss, nur wenige Faden von den Untiefen bei Cap Tschurchado; die ganze Breite des Canales ist 190 Faden, die des Fahrwassers mit 3 Faden aber nur 100 Faden. Dampfschiffe mögen immer den westlichen Canal vorziehen. Da der Militairposten und die Magazine auf S-Ufer der Novgorodskoi-Halbinsel gleich N von dem Tscherkasky-Felsen belegen sind, so muss ein Schiff, welches in der sogenannten Postenbucht liegen will, an deren Ende der Posten liegt, sich gleich am Eingange auf NtO oder N legen, um dicht an dem östlichen Cap der Postenbucht

Cap Rjasanow vorüberzugehen, weil dieses Cap tief ist, während vom westlichen Cap der Bucht, Cap Schelichow, sich ein 140 Faden langes Steinriff erstreckt. Man pflegt freilich eine Boie auf das Ende dieses Riffes zu legen, allein wenn sie nicht da ist, rathen wir, um das Riff zu vermeiden, sich auf der Reversirlinie der W-Spitze der Halbinsel Krabbe mit der Mitte der Insel Fuhruhjelm zu halten, aber ja nicht westlicher. Die grösste Tiefe in der Postenbucht ist 4 bis 5 Faden, der Grund flüssiger Schlamm mit Stein darunter, daher man nicht viel Tau geben darf. Von den Ufern der Postenbucht ist das nördliche etwas seicht und in der Mitte steinig, die O und W-Ufer längs der Landzunge aber sehr tief, so dass wir, 30 Faden von der westlichen Landzunge, 3 Faden hatten; das östliche Ufer Cap Rjäsanow ist hoch, die S-Seite steil, bis 120 Fuss hoch, das W-Ufer, aus der Landzunge bestehend, endigt mit dem sich erhebenden Cap Schelichow, dessen Abhänge bis 60 Fuss hoch sind. In der Postenbucht steht keine hohe See; der schlechteste Wind ist der S und SSW, an warmen klaren Sommertagen gewöhnlich von 10 Uhr Morgens bis 3 und 4 Uhr während. Bis 5 Schiffe haben in der Bucht Platz. Die Gebäude des Postens liegen seit 1866 an dem höheren nördlichen Ufer, 60 Fuss über dem Wasserspiegel; die Magazine und die Landungsbrücke aber liegen in der Nordost-Ecke der Bucht, da, wo auf Babkins Karte das Dorf Machavoi abgelegt ist. Ueberhaupt leidet der Posten Mangel an gutem Platze; die SW-Winde sind im Herbste und Winter sehr heftig, während des Winters ist Mangel an Trinkwasser, und im Sommer ist das Brunnenwasser trübe und widerlich; erst innerhalb 20 Werst findet sich Bauholz, selbst Brennholz muss 10 bis 12 Werst geholt werden. Westlich vom Posten Novgorodskoi liegt die Bucht Expeditie, ein weites Bassin mit vielen Untiefen und einer flachen Umgegend, sie ist zwar schiffbar, hat aber sonst keine Bedeutung. Schiffen, die nach der Novgorodbucht gehen, empfehlen wir ausser der englischen Karte (Aufnahme 1855) den 1862 vom Russischen Hydrographischen Departement sub 1583 nach der Vermessung Astafjews herausgegebenen Plan, denn die nach Babkins Aufnahme entworfene Karte enthält viele Irrthümer. Die Fluth in der Posietta-Bay ist wie in den übrigen der Bay Peter des Grossen: nicht über 2½ Fuss, gewöhnlich aber 1½ bis 2 Fuss, die Strömung der Ebbe und Fluth macht sich nur in den Engen bemerkbar, besonders bei Stille und bei dem Felsen Tscherkaskoi; die Strömung der Ebbe mag 2, die der Flnth bis 1½ Knoten betragen. Springzeit 2½ Uhr; Abweichung des Compasses 5° W. Die astronomischen Observationen der Posietta-Bay sind sehr verschieden angegeben; als der Wirklichkeit nahe kommend kann man Cap Tschurchado (Observation Spot, 42° 37′ 30″ N B und 130° 45′ 43″ O von Greenwich) annehmen. Die Entfernung des Novgorodschen Postens ist 110 Meilen von Nachodka, 20 Meilen von der S-Spitze der Halbinsel Hamow, 460 M. von Hakodadi, 785 Meilen von De Castries Bay. Seit 1860 werden Seinkohlen gegraben auf dem

NW Ufer der Novgorodschen Halbinsel 400 Faden W vom Cap Tirol (Hue Point), die an Qualität zwar den englischen nachstehen, immerhin aber für Dampfschiffe brauchbar und nicht theuer sind. Um Kohlen zu laden, muss man in die Bucht Expeditie einlaufen, Cap Tirol in 3 bis 4 Kabellängen umsegeln und sich nördlich von den Kohlenbrüchen 2½ Kabellängen vom Ufer auf 17 bis 18 Fuss zu Anker legen; der Grund ist Schlamm, im Herbste ist es indessen NW und WNW nicht gut da zu liegen.

Das Ufer südlich von Posietta-Bay.

Die Posietta-Bay wird im S von der Bucht Kaleva und der Insel Fuhruhjelm geschlossen. Die Kaleva Bucht ist ziemlich flach, nur 4 bis 6 Faden, bietet nur Schutz beim Winde vom Lande; sie liegt zwischen den bergigen, steilen Caps Suslow und Butakow; sie ist mehr unter dem Namen die Falsche Bucht bekannt, weil es vorgekommen ist, dass Schiffe, von dem Koreaufer kommend, sie irrthümlich für die Posiettabay angenommen haben.

Cap Butakow (Charbonier P^{t}.) ist das südliche Cap bei der Einfahrt in die Kalevabucht, es ist eben so hoch und steil als das nördliche oder Cap Suslow. Cap Butakow liegt nach der Babkinschen Karte nur $1^2/_3$ Meilen von der W-Spitze der Insel Furuhjelm, nach der Karte der Fregatte Pallada und der Englischen aber $2^7/_8$ Meilen. Es ist schon früher auf die Ungenauigkeit der Babkin'schen Karte, namentlich in dieser Gegend, aufmerksam gemacht.

Fuhruhjelm-Insel (Cassini I[d].) ist auf der Babkin'schen Karte richtig abgelegt; sie ist bis 413 Fuss hoch über der Meeresfläche; die Ufer laufen mehr steil ab und sind sehr tief bis dicht an; auf der O-Seite 24 bis 25 Faden in $^1/_2$ Meilen Entfernung, auf der W-Seite aber 12 Faden, jedoch etwas näher zum Festlande. Wenn man von S kommend bei trübem Wetter und Nebel an Furuhjelm-Insel herankommt, muss man sich vor den auf der NO-Spitze liegenden Scheeren hüten; sie liegen nur wenig über dem Wasser, ziehen sich aber beinahe auf eine ganze Meile vom NW-Ende in die Strasse. Diese Scheeren sind weder in den englischen Karten noch im China Pilot angegeben. Ausserdem liegen auf der N-Seite der östlichen Spitze der Insel in 2/3 Meilen verschiedene kleine Felsen, wovon der nördlichste, Poliver Rock, 30 Fuss hoch ist, bei 16 bis 23 Faden Tiefe bis ganz dicht an. Diese Felsen geben ein gutes Kennzeichen für Schiffe in der Posietta bei dem häufigen Nebel aus SO und O. Der China Pilot, wie überhaupt die englischen Karten, sind, wie es uns scheint, hier nicht so zuverlässig als Babkins.

Der **Fluss Tjumen Ula** ist der südlichste Punkt der Bay Peter des Grossen und die Grenze Russlands mit Korea; er liegt nach Babkin auf 42° 17′ NB und 130° 36′ 15″ OL von Greenwich, nach der Karte der Fregatte Pallada aber auf 42° 18′ N B und 130° 44′ O L; wir halten die erste Angabe für die richtigere.

Meteorologie der Bay Peter des Grossen. Nach Beobachtungen während einer Campagne von April bis Septbr. 1866 fanden wir schlechtes Wetter in folgendem Verhältnisse: im April 57 %, im Mai 71 %, im Juni 57 %, im Juli 78 %, im August 64 % und im September 40 %.

V.

Nähere Beschreibung der vorgekommenen Strandungsfälle, Berichte über verschiedene Reisen und sonstige Notizen.

Die Schifffahrt nach Nicolajewsk hat eigentlich erst seit 1856 angefangen, eine practische Bedeutung zu bekommen; unglücklicher Weise fielen in den ersten Jahren einige Strandungsfälle vor, die bei den Assecuradeuren einen schlechten Eindruck machten und die Veranlassung zu einem ungünstigen Vorurtheile gegeben haben, daher bis jetzt noch reichlich hohe Prämien sowohl auf Schiffe, als auch auf Ladungen behauptet werden, allein mit Unrecht, wie ich im Nachstehenden zu beweisen hoffe

Nach der in Nicolajewsk, erst seit vorigem Jahre, erscheinenden Zeitung sind im Ganzen, von 1854 bis 1861, 6 Schiffe im Liman verunglückt, nämlich:

1856 strandete das Schiff **Wm. Penn** bei Pronge durch Umstände, die mir nicht näher bekannt sind, allein wohl ihren Grund in vollständiger Unkenntniss des Fahrwassers hatten.

1859 strandete die Amerikanische Bark **„Melita“** durch Auflauf auf eigenen Anker bei Versegelung in einer Bucht der Sachalinschen Untiefen, hervorgerufen durch eine Unkenntniss des Fahrwassers, die jetzt durch diese Anleitung so wie durch die verbesserten Seekarten beseitigt ist.

1860 strandeten die der Russischen Amur-Compagnie gehörenden Schiffe **„Oreus“** und **„St. Inocent“**, und da es namentlich diese beiden Fälle sind, bei denen die Europäischen Compagnien harte Verluste erlitten haben, so verdienen die näheren Umstände dieser Strandungsfälle einer besonderen Berücksichtigung:

Der **„Oreus“** kam sehr spät im Herbste

an und, wie behauptet wird, schon leck und beschädigt; ungeachtet dessen, dass sich schon Eis im Liman gebildet hatte, wurde die Reise nach Nicolajewsk forcirt, wobei das Schiff vom Eise auf den Grund geschoben und durchschnitten wurde. Der **„St. Inocent“** kam ebenfalls spät im Herbste vor De-Castries Bay an, ankerte, in Ermangelung einer gehörigen Anleitung, zu weit hinaus, ehe er den Schutz von der Observatoriums-Insel erlangt hatte, gerieth ins Treiben und wurde somit auf den Strand getrieben. Eine unparteiische Beurtheilung dieser Unfälle wird solche nicht auf eine gefährliche maritime Passage zurückführen, sondern zugeben, dass ähnliche Fälle sich nach der jetzt vorhandenen Anleitung nicht leicht wiederholen werden.

1861 strandete das Amerikanische Schiff **„Mongol“** bei Cap Catharina, unter Umständen, die mir nicht näher bekannt sind.

Zeit, Name und Umstände der Strandung des sechsten Schiffes sind mir nicht bekannt.

1862, 1863 und 1864 sind laut officiellem

Rapporte des Herrn Gouverneurs, Admiral Kazakewitsch, vom 5. Juni 1865 sub No. 4019, keinerlei Unfälle im Amurliman vorgefallen. 1865 aber sind wiederum folgende zwei Unfälle passirt, nämlich:

Havaische Bark **„Admiral Kazakewitsch“.** Dieselbe lief beim Einsegeln in die De-Castries-Bay auf die Bank Wostok, obschon dieselbe deutlich in den Seekarten abgelegt und durch Warnungszeichen bezeichnet ist. Es ist mir von Seeleuten gesagt worden, dass dieser Unfall nicht vorgekommen wäre, wenn dieses Schiff nicht ganz aussergewöhnlich unlenksam gewesen wäre.

Schwedische Bark **„Ellida“,** welche auf die Newelskoy Bank lief und erst durch Werfen eines Theils der Ladung abkam. Der Capitain soll zwar durch Aufheissen der gewöhnlichen Lootsenflagge vor De-Castries-Bay einen Lootsen verlangt haben, segelte aber, ohne einen solchen bekommen zu haben, hinauf. Wie aber Pag. 17 angegeben, hätte er in die De-Castries-Bay einlaufen müssen, um einen Lootsen zu bekommen; denn da die Russische Regierung ihre Leute nicht in der Eigenschaft als verantwortliche Lootsen, sondern nur als kundige Führer giebt, so werden solche auch nur auf ein besonderes Gesuch verabfolgt, allein immer mit der grössten Bereitwilligkeit, soweit sie vorhanden sind.

Leider sind die Notizen über die Anzahl der Schiffe, die den Amur besucht haben, so mangelhaft, dass man sich keine Meinung bilden kann, inwiefern die oben beschriebenen Unfälle in einem ungewöhnlich ungünstigen Verhältnisse zu den geglückten Reisen stehen; dagegen aber habe ich mir über die Reisen sämmtlicher von hier oder für hiesige Rechnung von anderen Häfen seit 1861 expedirten Schiffe genauere Berichte verschafft, und wie aus den nachstehend genauer beschriebenen Reisen 83 solcher Schiffe ersichtlich ist, sind alle glücklich abgelaufen, zum Wenigsten **ohne irgend welche Unfälle in dem eigentlichen Amurfahrwasser,** mit der einzigen Ausnahme des englischen Schiffes Lochalvo, welches in Imperatorskoy Schiffbruch litt. Es ist anzunehmen, dass der Capitain diese Anleitung nicht hatte und Imperatorskoy für De Castries, wohin er bestimmt war, gehalten hat, daher ich denn die oben ausgesprochene Ansicht, dass die Assecuradeure ein ungerechtfertigtes und unmotivirtes Vorurtheil gegen diese Gewässer haben, wohl wagen darf; denn eine solche Anzahl gelungener Reisen liefert wohl einen hinlänglichen Beweis dafür, dass die Besegelung der Tatarstrasse durchaus nicht gefährlicher ist, als die so vieler anderer Gewässer. Nach meiner Meinung müssten die Assecuradeure aber, bei der Uebernahme von Risicos nach dem Amur, ganz besonders darauf sehen, ob die Schiffe rechtzeitig Europa verlassen; denn es ist nicht zu leugnen, dass Schiffe, die erst im März oder gar später von Europa weggehen, besonders wenn sie eine längere Reise haben, den allerungünstigsten Verhältnissen in der Tatarstrasse ausgesetzt sind, und die den Schiffen **„Oreus“** und **„St. Inocent“** betroffenen Unfälle haben zunächst ihren Grund in einer zu späten Absegelung von Europa gehabt.

Wegen des nach dem Amur zu wählenden Weges, ob um Cap Horn oder um Cap der guten Hoffnung, und alsdann entweder durch die Sundastrasse, durch die Ombaypassage oder südlich um Australien, sind die Meinungen sehr verschieden; für die gewöhnlich im Spätherbste hier abgehenden Schiffe möchte ich den letzteren Weg empfehlen d. h. durch die Sundstrasse; die Russischen Kriegs- u. Transportschiffe scheinen dem Wege um das Cap Horn den Vorzug zu geben. Was ich über die Reisen der für hiesige Rechnung expedirten Schiffe weiss, ist Folgendes:

Finnländische Brig **„Jacob"**, nach dem Süden des Amurgebietes bestimmt, verliess Abo im May 1861, war am 18. October in Valparaiso, hatte von dort eine schwere und lange Reise; war Ende März in Hakedade; vor der Sangarstrasse hatte dieses Schiff schwere NW Stürme und wurde dadurch 80 Tage aufgehalten.

Englische Bark **„Bride of the Seas"**, eben dahin bestimmt: verliess Cronstadt am 6. Juny 1861, passirte Anjer am 21. September und war den 2. November am Löschplatze in der Bucht Pasietta.

Dänisches Vollschiff **„Freia“** verliess Cronstadt am 20. October 1861, Helsingör am 15. December, passirte Falmouth 9. Januar, Cap der guten Hoffnung am 25. März, Anjer am 10. May, kam am 25. Juny nach De-Castriesbay, — hatte wenig Nebel in der Tatarstrasse.

Dänische Bark **„Hamilla Mitchel“** verliess Cronstadt am 26. October 1861, passirte Helsingör am 15. December, Dover am 23. December, Cap der guten Hoffnung am 15. April, Anjer 28. May, lief Honkong an, und kam am 11. July in De-Castries an, — hatte viel Nebel in der Tatarstrasse.

Englische Bark **„Sappho“** verliess Crenstadt am 26. October 1861, passirte Anjer 12. April, und kam circa medio July in De-Castriesbay an.

Englische Bark **„Bride“** verliess Cronstadt am 28. October 1861, passirte Dover 4. Februar, Anjer den 14. Juny. Ankunft in De-Castries ist mir unbekannt, wahrscheinlich erfolgte sie im August.

Englische Bark **„Dominion“** verliess Cronstadt am 28. October 1861, war am 5. Januar auf 7° N Br. 24° W L., am 25. Februar in Port William, Falcklands-Islands, und kam im July in De-Castries an.

Englische Bark **„Malta“** verliess Cronstadt am 5. Novb. 1861, passirte Helsingör 7. December, lief am 8. Januar 1862 in Longhope (Orcney Islands) ein, und kam wahrscheinlich erst im August in De-Castries an.

Finnländische Bark **„Triton“** verliess Cronstadt am 10. October 1861, Southhampton den 25. November, war am 25. April in Honolulu, und ziemlich früh im Frühjahre 1862 in De-Castriesbay.

Hamburger Vollschiff **„Victoria“** verliess Cronstadt am 19. October 1862, Southampton den 21. November, war am 4. Februar in Talcahuanha, verliess diesen Hafen am 10. März, hatte schwachen Passat von OSO bis 10° N Br. NNW steuernd, am 2. April Aequator passirt auf 122° W L, bekam auf 10° N B und 131° W L NO Passat, bis 20. April und 31° N B 135° W L anhaltend, von da bis zur Sangarstrasse veränderliche Winde von NO bis SW, passirte die Sangarstrasse am 28. April, und kam am 18. May in De-Castriesbay an.

Dänische Bark **„Aalborg"** am 30. August 1863 von Cronstadt gesegelt, am 20. December von Copenhagen, passirte Portland den 8. Januar 1864, hatte schweres Wetter, sprang leck und musste in Rio Janeiro einlaufen, woselbst die Ladung gelöscht, und auf die Lübecker Bark „Alma" umgeladen wurde, die am 23. März 1865 abgegangen, am 1. Juny Anjer passirte und am 19. August in De-Castries ankam.

Dänischer Schooner **„Metha"** verliess Copenhagen am 24. Januar 1864, den 12. März auf 4° S B und 29° W L, passirte Anjer den 29. May. Ankunft in De-Castries unbekannt, war aber am 25. July schon in Nicolajewsk entlöscht und segelfertig.

Dänische Brig **„Maria Auguste"** verliess Helsingör am 12. Februar 1864, am 24. Februar auf 45° N B 22° W L, am 15. Juny Anjer, und war am 3. August in De-Castriesbay.

Dänischer Schooner **„Johanna“** verliess Copenhagen am 26. Februar 1864, passirte Anjer am 29. Juny, war am 4. August in De-Castriesbay.

Russische Bark **„Sovinto“** am 25. März 1864 von Copenhagen, den 19. August in Anjer, hatte schweres Wetter unter Formosa, hielt desswegen, und weil es zu spät geworden, nach Hongkong ab, daselbst am 20. October angekommen; verliess diesen Hafen am 1. März 1865, und kam am 19. April in De-Castriesbay an.

Dänische Brig **„Ceres“**, von Rotterdam mit Roggen in Säcken abgeladen, verliess Helvotzluis am 15. März 1864, passirte Cap Lizard am 27. März, den Aequator am 26. April auf 20° W L, Cap der guten Hoffnung am 16. Juny auf 39° 30′ S B, hatte am 14. July auf 39° 35′ S B und 62° 43′ O L schweres Wetter, musste unterdrehen, bekam grosse Sturzseen, übergeschossene Ladung, musste werfen; am

9. August in Batavia angekommen, erwies sich die Ladung als fast total verdorben.

Dänische Bark **„Sleipner"** verliess Copenhagen am 5. Juny 1864, nach dem südlichen Amurgebiete bestimmt; am 2. August auf 18° S B 33° W L, ging durch die Banda und Molucca-Strasse, hatte von Ombay bis Nagasaki sehr contrair, verliess Nagasaki am 30. November, den 17. December am Löschplatze, Novgorodbay, angekommen.

Finnländische Bark **„Kaleva"** verliess Cronstadt 18. October 1864, Copenhagen den 3. November, Falmouth 4. December, hatte am 4. Februar auf 58° S B 67° W L orkanartiges Wetter, lief am 16. März in Valparaiso ein, am 3. Juli in De-Castries angekommen, am 17. August entlöscht und am 5. Nov. in St. Francisco angekommen.

Russische, früher Dänische Bark **„Hamilla Mitchell"** verliess Cronstadt am 23. October 1864, Copenhagen den 19. November, passirte Dover 4. December, fand es zu schwierig Cap Horn zu umsegeln, nahm daher von 16. März den anderen Weg, passirte Anjer am 16. April und war am 17. Juny in De-Castriesbay angekommen. NB. Dieses Schiff machte diese Reise zum zweiten Male unter demselben Führer, Capitain Lauritz Barfred, am 1. August abgesegelt, strandete es am 18. August auf Corea.

Schwedische Bark **„Thetis"**, mit Roggen und Mehl, in Säcken, beladen, verliess Copenhagen am 21. December 1864, hatte im Kattegat orkanartiges Wetter, verlor Klyverbaum und in Folge dessen die Oberrig, retournirte am 28. December nach Gothenburg, wurde dort vom Winter aufgehalten bis 3. April, war am 10. April bei Portland, laut Brief des Capitains aus Anjer vom 17. July daselbst, soweit wohlbehalten, angekommen, dass er die Reise fortsetzen konnte, hatte (Datum leider nicht angegeben) unter St. Paul und Amsterdam orkanartige Stürme und schwere Sturzseen, das Deck füllend, Häuser und Aufstehendes wegspülend; das Schiff sprang leck, unter der Wasserlinie, und musste daher von der Ladung werfen; am

2. Sept. in De-Castries angekommen und am 7. Novb. in Shanghae retour.

Dänische Brig **„Zephyr"**, mit Roggen und Mehl in Säcken, am 1. Januar 1865 von Copenhagen gesegelt, am 10. Dover passirt, hatte vom 16. bis 26. Januar auf 46° N B 11° W L einen anhaltenden, schweren Sturm, so dass während dieser ganzen Zeit nur ein dichtgerefftes Grossmarssegel geführt werden konnte; wurde rapportirt am 15. Februar auf 7° N B 25° W L, den 19. Februar auf 1° 35′ N B 25° 30′ W L, passirte den Aequator am 20. Februar auf 26° W L, hatte im südlichen Atlantischen Ocean häufig Windstille; am 7. März Trinidad in Sicht bekommen, am 4. April auf 38° 40′ S B 19° 37′ O L steife Kühlte, mehrere Tage anhaltend, variirend zwischen WNW und ONO, hatte am 9. April auf 39° S B und 35° O L. starken WNW mit starken Böen, vor dichtgerefftem Marssegel und Fok lensend, bei hoher brechender See, das Verdeck füllend, passirte am 25. April St. Paul, hatte am 18. May Java in Sicht, kam wegen Windstille erst am 20. May nach Anjer, und am 23. Juli in De-Castries an.

Bremer Bark „**Brema**“, via Honolulu nach Nicolajewsk bestimmt, am 31. December 1864 von Bremerhafen gesegelt, passirte Dover am 8. Januar, am 22. Juny in Honolulu und 25. August in Nicolajewsk angekommen.

Finnländische Bark „**Alerte**“ am 31. März 1865 von Copenhagen abgegangen, am 11. April unweit Dungesness, den 24. Juli Anjer passirt, den 10. September in De Castries angekommen.

Holländische Bark „**Jacobus Martinus**“, am 16. Februar 1865 von Schiedam abgegangen, am 23. Februar in See gegangen, am 28. März auf 2^0 15′ N B 22^0 W L signalisirt, war am 19. August 1865 in De-Castries angekommen.

Hamburger Bark „**Raleigh**“ am 5. März 1865 von Cuxhaven abgegangen, passirte Anjer am 16. Juli und kam am 15. Septb. in De-Castries an.

Englische Bark „**Charlotte of Derby**“

am 5. März 1865 von Schiedam abgegangen, sprang leck und kam am 15. März mit übergeschossener Ladung in Falmouth ein, segelte am 13. Mai von dort ab, lief am 10. October Macassar an und ist am 14. December glücklich in der Passietta Bucht angelangt.

Englisches Schiff **„Agincourt“** verliess Cronstadt am 7. Novb. 1864, kam schon am 10. Novb. leck nach Reval, die Ladung wurde später auf das Englische Schiff **„Ieddo“** umgeladen, welches am 14. Mai 1865 von Reval abgegangen, am 2. Novb. glücklich in der Nowgorod Bay angelangt ist.

Ausserden sind jährlich mehrere Schiffe namentlich von Hamburg und Holland, mehr aber noch von St. Francisco und China, glücklich und wohlbehalten angekommen, worüber mir aber alle Details, bei der grossen Entfernung und dem langsamen Postenlaufe, fehlen.

Das Kaiserlich Russische Segel-Transportschiff **„Ghiliak“**, unter Führung des Capitain-Lieutenants Enqvist, nach Nicolajewsk bestimmt, verliess Cronstadt im July 1864,

Plymouth den 6. September, Rio de Janeiro den 8. November, Valparaiso den 19. Januar 1865, kam am 3. März in Honolulu an, wollte am 15. April die Reise nach Nicolajewsk fortsetzen und ist am 14. Juny daselbst angekommen.

Aus den Rapporten des Commandeurs des obigen Schiffes entnehme ich Folgendes: Bekanntlich giebt es nur wenige Sailing Directions für die Route von Valparaise nach den Sandwichinseln; die am häufigsten gebrauchte dürfte diejenige sein, mit Anlaufen der Marquesas-Inseln. Capitain-Lieutenant Enquist konnte sich für keine der befürworteten Routen entscheiden, hatte aber die von ihm selbst auf der Fregatte Diana geführte Beschreibung zur Hand. Allein auch die Reise der Fregatte genügte ihm nicht, denn dieselbe dauerte 52 Tage, mit 7 Tagen Windstille zwischen den Passaten, welches er dem Umstande zuschrieb, dass die Fregatte den Aequator reichlich östlich, nämlich auf 115° W L passirte; er wählte daher den Meridian von 126° W zum Durchschneiden des Aequators; in der Hoffnung weniger Stille und den NO nicht gar zu schrall für die weitere Fahrt nach Honolulu zu haben. Demgemäss nahm er seinen Cours von Valparaiso näher zum letztgenannten Meridian, um den SO Passat früher zu erreichen und um möglichst lange den Süd Monsoon benutzen zu können; diesem Course folgend, erreichte er bereits am fünften Tage den Passat; da er einen stehenden Wind hatte, war es das Richtigste, auf den gewählten Punkt des Aequators zu gehen, wesshalb er von seinem Standpunkte am 23. Januar bis zum Durchschneiden des Aequators, auf 126° W, einen Cours auf dem grössten Kreise anlegte (Grosscirkelbogen) und seinen Weg auf demselben fortsetzte. Den Aequator passirte er am 16. Februar, bekam am 19. Februar veränderlichen Wind und setzte seinen Weg auf demselben Meridiane fort, um schneller den Stilltegürtel zwischen den Passaten zu passiren. Am 22. Februar hatte er schon NO Passat, denselben benutzend und abermals in Coursen des grössten Kreises gehend, kam er am 3. März in Honolulu an. Die ganze Strecke von 6300 Meilen war demnach in 43 Tagen glücklich zurückgelegt.

In seinem Rapporte aus Nicolajewsk vom 19. Juni 1865 sagt Capitain-Lieutenant Enquist: „Am 15. April von Honolulu abgesegelt, hatte ich bis zum 17. April den NO Passat und bekam dann veränderliche Winde. Da ich niemals einen guten Rath verschmähe, so benutzte ich das Zusammentreffen mit mehreren Wallfischfängern in Honolulu, von denen einige mehr als 30 Male die Tour zwischen den Sandwich-Inseln und Iapan gemacht hatten, um mich mit ihnen über den besten Cours zu unterhalten und erhielt fast einstimmig von ihnen den Rath, so zu segeln, wie ich es mir selbst auch vorgenommen hatte. Dieser, durch die Theorie gerechtfertigte Cours, ist zugleich in der Praxis der beste, was sonst selten der Fall ist. Die Beschreibung dieses Courses, wie die Fahrt des **„Ghiliaks“** ist vollkommen identisch und desshalb werde ich sowohl von dem Einen wie dem Andern gleichzeitig reden.

Unangesehen der Versicherungen der **Pilots,** trifft man doch selten den Passat in der Nähe der tropischen Zone, und wenn man noch die Nähe der Küsten hinzurechnet, so ist es nur ein glücklicher Zufall, wenn man denselben in der Nähe der Sandwich-Inseln bekommt. Nach allem dem, was mir oben genannte Wallfischfänger sagten, muss man, nach Japan gehend, erst südlich bis zum $19^1|_2{}^0$ gehen; von wo an man mit dem daselbst herrschenden festen Passate W, bis man den während der Sommermonate an der Ostküste Asiens herrschenden S W Monsoon bekommt und damit bis Japan segelt. Am 14. Mai war ich in der Sangarstrasse und am 15. Mai ankerte ich in Hakodadi, woselbst ich nur 3 Tage blieb, und kam, wegen der sehr ungünstigen Umstände, nämlich heftige Gegenwinde und Stille, erst am 5. Juni in De-Castries an; nachdem ich hier eine Kleinigkeit gelöscht hatte, arrivirte ich, vom Transportschiff Manschur bugsirt, hier am 13. Juni."

Im Herbste 1865 sind 16 Schiffe von Cronstadt nach dem Amur abgegangen, über deren Reisen bis jetzt, April 1866, Folgendes bekannt ist:

Hamburger Schooner **„Johanna Heydorn“**, am 17. Februar 1866 auf der Rhede von Batavia angekommen.

Preussische Bark **„Catharina“**, am 24. Januar 1866 in Talcacuanha wohlbehalten angekommen.

Dänische Bark **„Catharine“**, am 22. Januar 1866 in der Tome Bay wohlbehalten angekommen.

Preussische Bark **„Apenrade“**, am 3. Januar 1866 in Rio de Janeiro wohlbehalten eingelaufen und am 9. weiter gegangen.

Hamburger Bark **„Therese“**, am 15. Decbr. auf 4° N B und 23 W L wohlbehalten geprait.

Bremer Vollschiff **„Willy“**, am 12. Decb. auf 2° N B und 26° W L wohlbehalten geprait.

Dänischer Schooner **„Den Behändige“**, am 28. Novb. 1865 Dover passirt.

Englischer Schooner **„Lochalvo“** lief am 1. Novb. Ramsgate an.

Englisches Schiff **„Bedford“**, am 7. October von Cronstadt gesegelt, strandete am 11. October total, unweit Helsingfors.

Englische Bark **„Belle“**, kam unter Havarie in Falmouth ein, segelte von da an am 1. December; am 15. Januar auf 27^0 S B 29^0 W L gepráit.

Englische Bark **„Silome“**, am 5. Januar 1866 auf 1^0 34′ N B. und 24^0 29′ W L geprait.

Englische Bark **„Avonvale“**, am 28. Novb. in Falmouth eingelaufen, segelte am 1. December und wurde am 29. December auf 40^0 N B und 22 W L geprait.

Englische Bark **„Isabelle Rigley“**, am 17. Octb. von Cronstadt gesegelt.

Norw. Schooner **„Formica“**, am 25. October von Cronstadt gesegelt.

Russ. Bark **„Amur“**, am 23. October von Cronstadt gesegelt.

Englisches Schiff **„Fychow“**, am 27. Januar 1866 von Sunderland gesegelt.

Siehe tabellarische Uebersicht.

Aufgang und **Zugang** des Amurflusses bei Nicolajewsk während der letzten 10 Jahre:

		Aufgang	Zugang
1856	am	9. May	28. October
1857	„	10. „	7. November
1858	„	30. April	31. October
1859	„	6. May	21. Oct. bis 1. Nov.
1860	„	8. „	7. October
1861	„	10. „	27. „
1862	„	13. „	30. „
1863	„	9. „	29. „
1864	„	7. „	28. „
1865	„	3. „	29. „

Am 13. October 1864 ging der Schooner „Sachalin“ von Nicolajewsk nach verschiedenen, südlichen Häfen des Amurgebietes ab; überwinterte in China, und kam am 24. May 1865, als erstes Schiff, nach Nicolajewsk. Am 31. May 1 65 kam das Kanonenboot Morsch nach Nicolajewsk zurück, nachdem es, im Liman, die Zeichen ausgelegt hatte.

Ausser den obgenannten Schiffen sind im

Laufe des Sommers 1865 noch folgende 12 Schiffe in Nicolajewsk angekommen:

Preuss.	**Amoy Trader**	109	Tons von	Shanghai
Dän.	**Anna**	142	„ „	Hongkong
Meklenb.	**Alaert Jurs**	350	„ „	Hamburg, hatte den Winter über in De-Castries-Bay gelegen.
Americ.	**Florence**	159	Tons von	Hongkong
Preuss.	**Besle Serails**	130	„ „	S. Francisco
Engl.	**Mary Gels**	144	„ „	Hongkong
Holl.	**Elisabeth**	248	„ „	Hamburg
Schwed.	**Ellida**	253	„ „	„
Americ.	**Baring**	376	„ „	Boston
„	**Emmy Jackson**	86	„ „	Petropawlowsk
Russ.	**Olga**	180	„ „	San Francisco
Engl.	**Ho Huan**	154	„ „	Shanghai.

Tableau über die Reisen der sei

Flagge	Gattung	Schiffsname	Capitain-name.	Absegelung Ort	Absegelung Datum	Sund Ankunft	Sund Abfahrt	Canal Ort	Canal Datum	Aequator W Hemis. W. L.	Aequator W Hemis. Datum	N. O. Pas Angetroff W. L.	B.	
Russ.	Brigg	Jacob		Åbo	1861. Mai									
Engl.	Bark	Briede of the Seas		Cronstadt	Juni 6									
Dänisch	Vollschiff	Freia	Sórensen	do.	October 20		Decbr. 15	Falmouth	Januar 9					
do.	Bark	Hamilla Mitchel	Barfred	do.	do. 26			Dover	Decbr. 23					
Engl.	do.	Sappho		do.	do. 26									
do.	do.	Bride		do.	do. 28			Dover	Februar 4					
do.	do.	Dominion		do.	do. 28									
do.	do.	Malta		do.	Novbr. 5		Decbr. 7							
Russ.	do.	Triton		do.	October 10			Southhampton	Novbr. 25					
Hambrg.	Vollschiff	Victoria	Hansen	do.	1862. October 19			do.	do. 21					
Dänisch	Bark	Aalborg	Becker	do.	1863. August 30		Decbr. 20	Portland	Januar 8	Wurde	durch sc	hweres	Wetter	le
do.	Schooner	Metha		Copenhagen	1864. Januar 24									
do.	Brigg	Marie Auguste		Helsingör	Februar 12									
do.	Schooner	Johanne		Copenhagen	do. 26									
Russ.	Bark	Sovinto	Wittmann	do.	März 25									
Dänisch	Brigg	Ceres		Helvotzlius	dó. 15			Lizard	März 27	20°	April 26			
Russ.	Bark	Kaleva	Quickstróm	Cronstadt	October 18		Novbr. 3	Falmouth	Decbr. 4					
do. früher Dänisch	do.	Hamilla Mitchel	Barfred	do.	do. 23		19	Dover	do. 4					
Schwed.	do.	Thetis		Copenhagen	Decbr. 21	Segelte 3 Ap ril	von Gothenbu rg	Portland	April 10					
Dänisch	Brigg	Zephyr		do.	1865. Januar 1			Dover	Januar 10	26°	Februar 20			
Bremer.	Bark	Brema		Bremerhaven	1864. Decbr. 31			do.	do. 8					
Russ.	do.	Alerte		Copenhagen	1865. März 31			Dungeness	April					
Holländ.	do.	Jacobus Martinus		Schiedam	Februar 16									
Hambrg.	do.	Raleigh	Heiderich	Cuxhaven	März 5									
Engl.	do.	Charlotte of Derby		Schiedam	do. 5			Falmouth	Mai 13					
Dänisch	Bark	Sleipner		Copenhagen	Juni 5									
Engl.	Schiff	Agincourt		Cronstadt	Novbr. 7	kam sc ho	n 10. Nv br.	leck in Reval	ein, mu ss	te auf	das engl. Sc	hiff „J	edde“	1
Hambrg	Schooner	Johane Heydorn	Bernard	do.	Septbr. 17									
Preuss.	Bark	Catharina	Molsen	do.	do. 25	Septbr. 30	October 10	Lizard	October 24	31½°	Novbr. 18		5. 3°N	
Dänisch	do.	Catharine	Dresher	do.	do. 25			Plymouth	do. 23					
Preuss.	do.	Apenrade	Davidsen	do.	October 7									
Hambrg.	do.	Therese	Meyer	do.	do. 14		Novbr. 3	Lizard	Novbr. 21	26°	Decbr. 21			
Bremer.	Vollschiff	Willy	Graffunder	do.	do. 6		October 26	Nord. Schottl.		27° 17′	do. 13			
Dänisch	Schooner	Den Behendige	Jensen	do.	do. 27			Dover	do. 27					
Engl.	do.	Locholvo	Sydney	do.	Septbr. 24			Ramsgate	do. 1					
do.		Bedford	Nottras	Cronstadt	October 3									
do.	do	Belli	Wayman	do.	Septbr. 20									
do.	Bark	Silome	Davidson	do.	October 9									
do.	do.	Avonvale	Ogiloie	do.	do. 9			Falmouth	October 28					
do.	do.	Isabelle Ridley	Watson	do.	do. 17									
Norweg.	Schooner	Formica	Freming	do.	do. 25									
Russ.	Bark	Amur	Gyldenpalm	do.	do. 23									

ch Ost-Sibirien gesegelten Schiffe.

t	Route				Ankunft			Bemerkungen.
atum.	Cap	S. B.	Datum		Ort	Datum		
	Horn				Unbe	kannt		Valparaiso 18. Februar, Hakodadi Ende März.
	d g. Hoffn.				Posietta	Novbr.	2	Anjer 21. September.
	do.		März	25	De Castries	Juni	25	do. 10. Mai. Wenig Nebel in der Tatarstrasse.
	do.		April	15	do.	Juli	11	do. 28. Mai. Viel Nebel „ „ „ lief Hongkong an.
	do.				do.	do.	medio	do. 12. April.
	do.				do. unbe wahrscheinl.	kannt August		do. 14. Juni.
	Horn				De Castries	Juli		Port Wiljam, Falklands Island 25. Februar.
					do. wahrsch.	August		Longhope (Orcney Islands) 8. Januar.
	Horn				do. ziemlich	früh		Honolulu 25. April.
					do.	Mai	18	Talcahuanha vom 4.—10. März, Sangarstrasse 28. April.
die L	adung in L	übeck.	Bark A	lm	a, Capitain M	eyer, lös	ch	en, welches Schiff 23. März von Rio J. abging, Anjer 1. Juni passirte u. 19. Juni in De Castries ankam.
	d. g. Hoffn.				De Castries	unbekan	nt	Anjer 29. Mai. (War am 25. Juli in Nicolaewsk entlöscht).
	do.				do.	August	13	do. 15. Juni.
					do.	do.	4	do. 29. Juni.
					do.	1865. April	19	do. 19. August. Unter Formosa, schweres Wetter, ging, weil zu spät geworden nach Hongkong.
	d. g. Hoffn.	39° 30	Juni	16				Hatte schweres Wetter, musste werfen und kam 9. Aug. in Batavia mit total verdorbener Ladung an.
	Horn				De Castries	Juli	3	Valparaiso 16. März.
	d. g. Hoffn.				do.	Juni	16	Anjer 16. April, am 1. August abgegangen, strandete es auf Corea am 18. desselben Monats.
	do.				do.	Sept.	2	Ueberwinterte in Gothenburg, Anjer 17. Juli, hatte unter St. Paul und Amsterdam orkanartige Stürme, wurde leck und musste auch werfen.
	do.				do.	Juli	23	Anjer 20. Mai. (Während der ganzen Reise schweres Wetter).
	Horn				Nikolajewsk	August	25	Honolulu 22. Juni, um einen Theil der Ladung zu löschen.
	d. g. Hoffn.				De Castries	Septbr.	10	Anjer 24. Juli.
					do.	August	19	Erst am 23. Februar in See gegangen.
	d. g. Hoffn.				do.	Septbr.	15	Anjer 16. Juli.
	do.				Posietta	Decbr.	14	Kam am 15. März leck mit übergeschossener Ladung in Falmouth an, 10. October Macasser.
	do.				Nowgorodbay	do.	17	Durch Banda- und Moluccastrasse. Von Ombay-Nangasaki contraire, verlies Nangasaki 30. Novbr.
					do.	Novbr.	8	arrivirt.
					Nicolajewsk	Juni	12	Batavia 17. Februar.
	Horn		Decbr.	25	De Castries	Mai	9	Talcahuanha 24. Januar.
	do.				do.	do.	9	Tome Bay 22. Januar.
	do.		vom 1. Febru bis Mitte M	ar ärz	do.	Juni	17	Rio Janeiro 3. Januar.
	d. g. Hoffn.		Februar	24	do.	Mai	22	7. März Ombaypassage, trieb zurück und passirte 17. März Atlasstrasse.
	do.	40° 46	Januar	15	do.	Juni	3	Vom 26. Octbr.—5. Nvbr. Sturmeshalber Gothenburg, strandete in Imperatorskoy-Bay, wahrscheinl. diese Bay für De Castries nehmend. Ist die einzige mir seit 1861 bekannte Strandung in dem eigentl. Amurgebiete.
								11. October, unweit Helsingfors total gestrandet.
					arrivirten wo	hlbehalt	en	Kam mit Havarie nach Falmouth, wovon am 1. December abgesegelt.
					Datum un	d Weg		Sturmes halber Gothenburg, Schluss October.
					jedoch un	bekannt		
					de Castries	1867. Mai	16	

Tr

Flagge	Gattung	Schiffsname	Capitainname.	Absegelung Ort	Absegelung Datum		Sund Ankunft		Sund Abfahrt		Canal Ort	Canal Datum		Aequator W Hemis. W. L.	Aequator W Hemis. Datum		N. O. Pass… Angetroffen W. L.	B.	D…
Engl.	Schiff	Fychaw									Sunderland	Januar	27						
Preuss.	do.	Amny Trader		Shanghai															
Dänisch	do.	Anna		Hongkong															
Mecklb.	do.	Albert Jurs		Hamburg															
Americ.	do.	Florence		Hongkong															
Preuss.	do.	Besle Serails		St. Francisko															
Engl.	do.	Meria Gels		Hongkong															
Holländ.	do.	Elisabeth		Hamburg			unbekannt.												
Schwed	do.	Ellida		do.															
Americ.	do.	Borsring		Boston															
do.	do.	Emmy Jackson		Petropawlowsk															
Russ.	do.	Olga		St. Francisco															
Engl.	do.	Ho Huan		Shanghai															
Bremer.	Bark	Robert Rickmers	Ebert	Cronstadt	1866. Octobr.	1			Novbr.	13	Nord. Schottl.						22° 35	22° 5	De…
Preuss.	do.	Virginie	Prehn	do.	do.	1													
Dänisch	Vollschiff	Havfruen	Sórensen	do.	do.	1													
Preuss.	Bark	Oberon	Schmidt	do.	do.	5			do.	18	Lizard	Januar	1	27° 53′	Januar	31			
do.	Vollschiff	Etha Rickmers	Davidsen	do.	do.	5													
Russ.	do.	Martin Luther	Barfred	do.	1867. Septbr.	15					do.	Octbr.	27	29°	Decbr.	2	25°	27° N	No…
~~do.~~	~~Bark~~	~~Sovinto~~	~~Wittmann~~	~~do.~~	~~do.~~	~~25~~													
Hamb.	do.	Kolga	Petersen	do.	do.	24	Septbr.	30	Octbr.	5	do.	do.	24	$29\frac{1}{2}^{\circ}$	do.	12			
Dänisch.	Barkentine	Aarhuus	Barsoe	do.	do.	16			Decbr.	4	Stort Point	Decbr.	14	$27\frac{1}{2}$	Januar	12			
Norweg.	Bark	Stat	Nielsen	do.	do.	26					Lizard	do.	21	22	Februar	2			
Dänisch	Vollschiff	Signe	Andrea	do.	Octbr.	20			do.	3	do.	do.	15	26	Januar	12			
Norweg.		Hindu		do.															
do.	Bark	Saga		do.															
Dänisch	3m. Schoon.	Assens	Jepson	do.	do.	1			Novbr.	27	Falkeston	Februar	11	26°	do.	12			
do.	Bark	Ceres	Thuroe	do.	do.	20			Decbr.	4	Lizard	do.	15	21°	Februar	1			
Preuss.	Brigg	Catharine	Overbeck	do.	do.	20			do.	4	Dover	Decbr.	15	24° 40	Januar	25	16°	$34\frac{1}{2}$ N	Ja…
do.	do.	Jürgen	Ulderup	do.	do.	20					Falkstone	Februar	11						
Russ.	Vollschiff	Martin Luther	Barfred	do.	1868. Septbr.	13			Octbr.	23	do.	Januar	6	25°	Februar	15			
Norweg.	Bark	Aristos	Kildahl	do.	do.	26					Lizard	Februar	9		März	13			
Nordd.	do.	Brema	Schweizer	do.	Octbr.	20			do.	24									
Dänisch	do.	Psyche	Benzen	do.	do.	5			Novbr.	19	Shilley	Decbr.	1		Januar	12			
do.	do.	Jak H. Lóve	Mathiesen	do.	do.	6			do.	19	Dover	Novbr.	30	23° 5′	März	18	23° 5′	0	M…
do.	Brigg	Cama	Hoeg	do.	do.	31			do.	20	Plymouth	Decbr.	30	21° 24′	Januar	13			
Engl.	Bark	Southland	Lawrence	do.	do.	4													
Nordd.	do.	Velos	Christiansen	do.	1869. Septbr.	25			Octbr.	24									
Schwed.	do.	Veritas	Stahre	do.	Octbr.	15			do.	24	Dover	do.	11	28°	do.	14			
Hamb.	do.	Therese Behn	Schmidt	do.	do.	15			do.	24	Lizard	Novbr.	21	$29\frac{1}{2}^{\circ}$	Decbr.	42			
do.	Vollschiff	Otto u. Antonie	Simonsen	do.	do.	15			do.	24		do.	20						

r t.

…um.		Route Cap	S. B.	Datum		Ankunft Ort	Datum		Bemerkungen.
						arrivirte wohl	behalten.		
		d. g. Hoffn.		Februar	9	De Castries	Juni	2	
									Wurde leck und versank ungefähr unterm Aequator in der westlichen Hemisphäre.
		do.				do.	do.	1	
		do.		März	1	do.	do.	18	Anjer 21. April.
						do.	do.	2	do. 8. April.
pr.	27	do.		Januar		do.	Mai	14	Timor 9. Februar, Hakodadi 7. April, Wladiwostock 20. April.
									~~Strandete am 20. Septbr. auf Porkalaud bei Helsingfors.~~
		do.	43°	do.	2	do.	do.	25	Anjer 22. Februar.
		do.	37½	Februar	12	do.	Juni	1	do. 24. März.
		do.	38. 5	März	27	do.	Juli	14	do. 14. Mai.
		do.	36° 30	Februar	13	do.	Juni	22	do. 23. März.
		arrivirten	glückli	ch Datu	m	u. Route jed	och unbe	ka	nnt.
		Horn		Februar	10	De Castries	Mai	13	Valparaiso 2. März.
		d. g. Hoffn.		März	5	do.	Juli	27	Formosa-Canal 2. Juni.
ar	14	do.				do.	do.	27	Anjer 9. April.
						do.	do.	18	do. 9. April.
		do.		do.	23	do.	August		Wladiwostock 28. Juni, stiess auf Galliopergrund, musste in London repariren, segelte erst am 6. Juni v. Dower.
		do.		April	7	do.	Juli	7	Verliess Christiania am 1. Januar, Anjer 15. Juni.
		do.				do.	do.	25	Rio Janeiro 18. Februar, Anjer 25. Juni.
		do.	43°	Februar	9	do.	Mai	20	Anjer 22. März.
		do.				do.	Juni	17	do. 17. April.
		do.	40°	April	4	do.	Juli	27	do. 16. Mai.
		arrivirte g	lücklic	h Datum	u.	Route jedoch	unbekan	nt.	
		d. g. Hoffn.				De Castries	Mai	23	do. 12. März.
		do.	45°						do. 8. April.
		Horn	50°	Januar	20	do.	do.	23	Valparaiso 20. Februar.
		do.				Wladivostok	do.	1	Honolulu 23. März.

Register.

Druck von Bär & Hermann in Leipzig.

Druckfehler.

Pag. 116, 8. Zeile von unten, statt: „am Fusse der wie bemerkbaren“ lies: „am Fusse der zwei bemerkbaren“.

Pag. 118, 10. Zeile von unten, statt: „namentlich noch am Posten“ lies: „namentlich nach dem Posten“.

Pag. 128, 6. Zeile von oben, statt: „Irland“ lies: „Island“.

Pag. 131, 5. Zeile von unten, statt: „Nochodka“ lies: „Nachodka“.

Pag. 143, 13. Zeile von oben, statt: „Amurbay“ lies: „Americabay“.

Pag. 145, 4. Zeile von unten, statt „zwar Ausläufer“ lies: „zwei Ausläufer“.

Pag. 152, 2. und 4. Zeile von oben, statt „Faden“ lies: „Fuss“.

Pag. 153, 12. Zeile von oben, statt: „Abrikosow“ lies: Abrcsimow“.

Pag. 190, 10. Zeile von oben, statt: „ist es indessen N.W.“ lies: „ist es indessen bei NW.

FSC
www.fsc.org
MIX
Papier | Fördert
gute Waldnutzung
FSC® C083411

Zeitfracht Medien GmbH
Ferdinand-Jühlke-Straße 7
99095 Erfurt, Deutschland
produktsicherheit@kolibri360.de